新コロナシリーズ ㊾52

摩擦への挑戦

—新幹線からハードディスクまで—

日本トライボロジー学会 編

コロナ社

著者一覧（敬称略）

まえがき　木村　好次（香川大学長・元日本トライボロジー学会会長）
第１章　角田　和雄（元日本トライボロジー学会副会長）
第２章　大山　忠夫（元㈶鉄道総合技術研究所）
第３章　水谷　嘉之（岐阜大学）
第４章　笠原　又一（オイレス工業㈱）
第５章　渕上　武（日本潤滑剤㈱）
第６章　星野　道男（元日本トライボロジー学会副会長）
第７章　佐藤　準一（東京商船大学（現東京海洋大学）名誉教授）
第８章　川久保洋一（信州大学）

「摩擦への挑戦」編集委員会（敬称略）

委員長　杉村　丈一（九州大学）
幹　事　加納　眞（日産自動車㈱）
委　員（五十音順）
足立　幸志（東北大学）
五十嵐仁一（新日本石油㈱）
市川　雪則（㈳潤滑油協会）
小野　肇（ユシロ化学工業㈱）
小宮　広志（光洋精工㈱）
平田　昌邦（新日本石油㈱）
横山　文彦（石川島播磨重工業㈱）

（二〇〇五年五月現在）

まえがき

車のワイパがありますね。雨が降ってくると目の前を往ったり来たりする。そのときワイパのゴムが、ガラスをこすっているところが見えるでしょう。こういう、ものがこすれている面、摩擦面を直接見ることができる、これはとても珍しい例なのです。

トライボロジーというのは、その摩擦面でいったい、なにが起こっているのだろうか、という現象そのものを取り扱う、工学の一分野です。

取り扱う現象の第一は、摩擦です。ものを表面に沿って滑らしたり転がしたりしようとすると、それを阻もうとする力が生ずる、これが摩擦です。その摩擦を減らしたい、というのが一般のニーズでしょう。新幹線でも自動車でも、とにかくものを動かそうとしたときに、摩擦の分だけ余計にエネルギーが必要になる、効率が低くなるわけです。石油はあと何十年かで枯渇するといわれますが、そういう限られたエネルギーを有効に利用するために、摩擦を減らそうという努力が続けられているのです。

もっとも、摩擦を利用することもときどきあることを、付け加えておかなくてはなりません。鉄道にしても自動車にしても摩擦がなければ走れないし、ブレーキも役にたたないわけです。一口にいえば摩擦をどのようにコントロールしていこうとしなければならないか、これがトライボロジーの第一の目的です。

摩擦面で起こる現象の第二は、摩耗、焼き付き、転がり疲れなど、摩擦面の損傷です。タイヤは坊主になったらおしまい、というように、摩耗によって寿命が決まることはよくあります。焼き付きとか転がり疲れとか、摩擦面の損傷はいろいろありますが、的確な対策で寿命を長くできればそれだけ交換の回数が減り、一つには、これも限られた資源を、有効に利用することができるわけですし、二つには、交換、修理などのメンテナンスの負荷を減らすことができるのも大きなメリットです。こういう、摩擦面の損傷を軽減したり、あるいは防止したりするのが、トライボロジーの第二の目的です。

こんなふうにトライボロジーは、基盤技術の一つとして、現代の文明を支えてきました。しかしはじめにお話をしたワイパのように、摩擦面が直接目に触れることはごく例外であり、多くの現象は目では見ることができません。それ以前に、例えば自動車を見ても、ピストン、軸受、歯車など、たくさんの要素が働いていて、そこに摩擦面があることなんか、考えたこともない人がほとんどでしょう。

むろん自動車ばかりではありません。新幹線も、コンピュータも、豪華客船も、さらには巨大な吊橋も、トライボロジーの技術がなければいまの姿は不可能でした。そこにはたくさんのトライボロジストが、失敗、挫折を繰り返しながら立ちふさがる壁を乗り越え、不可能を可能にしてきた技術開発の歴史があるのです。

この本には、いろいろな分野で、トライボロジーにかかわる開発を担当してきた人たちの肉声を集めてみました。ふ〜ん、そんなことやってたんだ、と身近なものとして感じていただければうれしいのですけれど、いかがでしょうか。

二〇〇五年四月

第四十一―四十二期　社団法人　日本トライボロジー学会会長　木村　好次

もくじ

1　ベアリングで世界を動かす

6　自動車から圧延機まで油屋の苦しみと喜び

1 ベアリングで世界を動かす

〝「科学」には国境がありません。しかし、「技術」には明らかに国土性や国民性という国境があるのです。〟日本のベアリング技術が世界を動かすことができた秘密を、半世紀にわたって研究開発に携わった著者が語る。

ハーフトロイダル型 CVT 搭載の
大型乗用車用トランスミッション

角田　和雄　一九三一年東京都生まれ。工学博士。東京大学工学部精密工学科卒業後、日本精工㈱入社。同社トライボロジー研究所長、取締役・総合研究所長を経て、九二年名古屋大学工学部教授、九五年中央大学理工学部教授。軸受摩擦、軸受保持器、摩擦面応力、マイクロトライボロジー、軸受技術史の研究に従事。著書に「転がり軸受工学」、「転がり軸受」、「摩擦の世界」など。日本機械学会賞論文賞、同賞技術功績賞、日本トライボロジー学会功績賞を受賞。

ベアリングとはなんだろう？

「ベアリング」とは、なんのことだか知っていますか？　中学の理科で「摩擦」のことは習ったでしょう。そう、ものが動くとき、動きに抵抗するのが摩擦力です。

平地で自転車を走らせて、ペダルをこぐのを止めると、やがて自然に停まってしまいますね。この動きを止める働きをしているのが摩擦なのです。そして、摩擦を小さくして自転車を軽く動かす役目をするのがベアリングで、二つの車輪の中心にある小さい筒の中に入っています。ここに油を少し差すだけで、自転車が楽に走るようになった経験があるでしょう。

ベアリングは日本語では「軸受」といいます。そして、この本の主題「トライボロジー」という学問を使って材料と潤滑の方法を決め、具体的な機械部品として商品にしたのが軸受です。

現代は「機械文明」の時代といわれ、電車や自動車や飛行機から、クーラや冷蔵庫やコンピュータにいたるまで、私たちはたくさんの機械に囲まれた生活をしています。いまや機械のない暮しは考えられない時代です。

ところで「機械」とは、ものの動きで私たちの役に立つ人工物です。ですから、機械には必ず動く部分があります。動きのない人工物のハンマやテレビや建物は、それぞれ「道具」、「機器」、「構

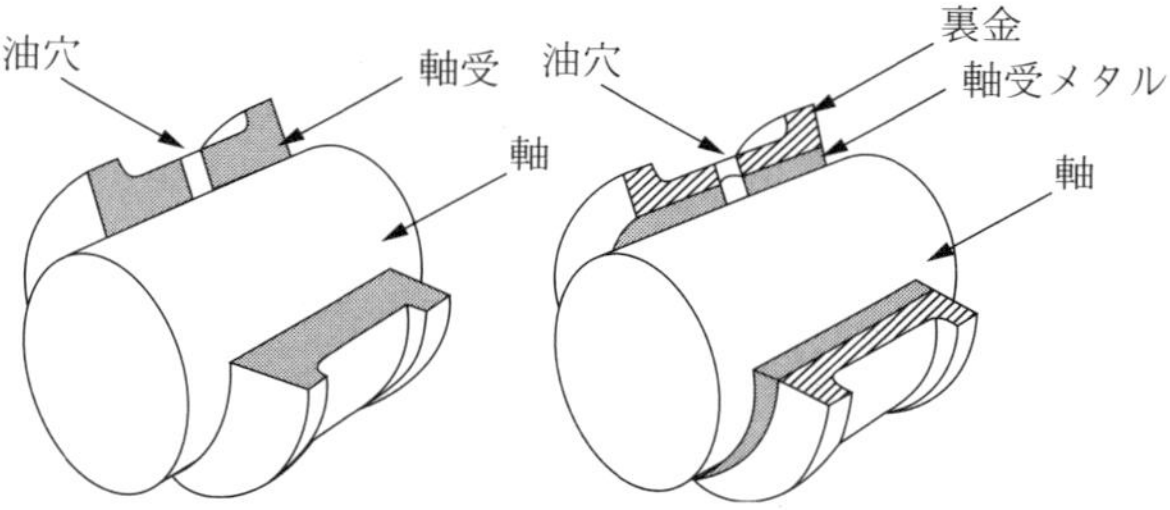

図 1　滑り軸受の構造

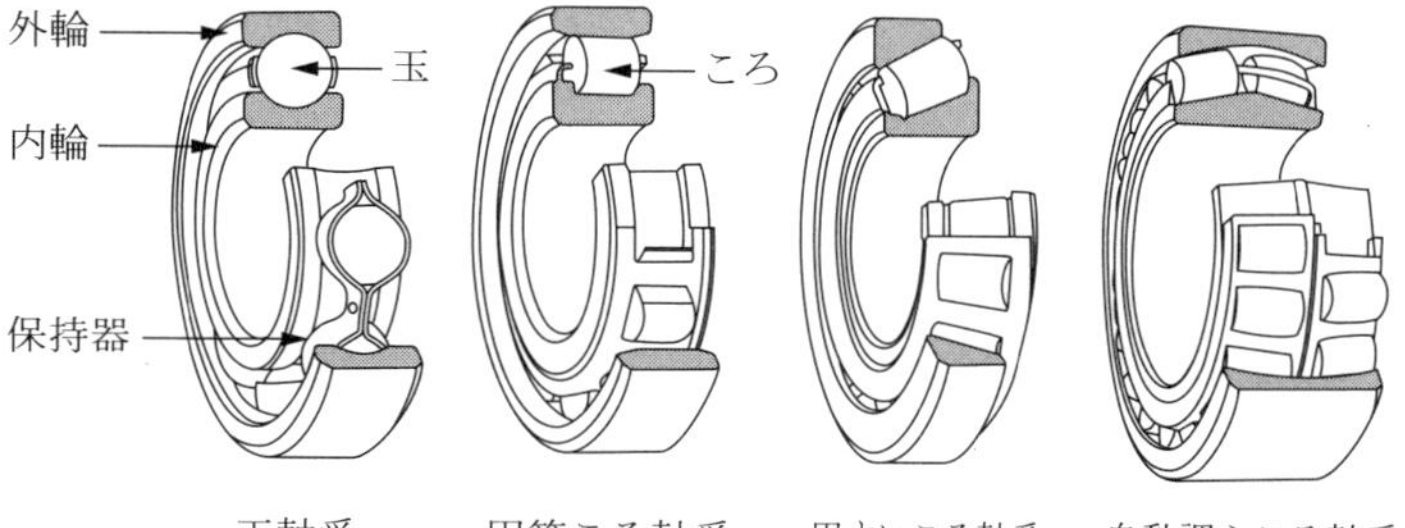

図 2　転がり軸受の構造

造物」と呼ばれています。そして、機械の内部で動くものを支えながら、その動き方を案内しているのがベアリングなのです。動き方の多くは「回転運動」ですが、往復の「直線運動」、ねじのような「送り運動」、回転しながら向きも変えるピボットのような「球面運動」もあります。

また滑らかに軽く動かす方法によって、図1の滑り軸受と図2の転がり軸受の二種類があります。ベアリングの中に「潤滑剤」として「流体」の油を入れたり、ベアリングの表面をプラスチックや黒鉛などの滑りやすい「固体」でつくったのが「滑り軸受」、軽く転がるボール（玉）やローラ（ころ）を入れたのが「転がり軸受」です。身近な例では、文字を書くための鉛筆は黒鉛という「固体潤滑の滑り軸受」、万年筆はインクによる「流体潤滑の滑り軸受」、ボールペンはボールによる「転がり軸受」です。

転がり軸受は、種類と大きさが国際的なＩＳＯ（国際標準化機構）規格になっているので、世界中で同じ形の軸受がつくられ、どこの国でも簡単に入手できます。この便利さのために、多くの機械のベアリングには転がり軸受が使われています。

機械の中でのベアリングの働き

ＩＴ（情報技術）時代のいま、ＩＣ（集積回路）やＬＳＩ（大規模ＩＣ）になる半導体は「産業の米」といわれています。そして、ベアリングのない機械はないので、軸受は「機械の米」と呼ばれています。

ベアリングのおもな機能は三つあります。まず動く表面の「摩擦」を減らして機械の「効率」を高め、つぎにその面が長い間にすり減る「摩耗」を減らして機械の「寿命」を長くし、さらに面同士が食い付いて突然動きを止める「焼き付き」を防いで機械の「故障」をなくすことです。その上ベアリングは、新幹線のような高速、自動車や航空機のエンジンの中での高温、南極や高空での低温、半導体工場や宇宙の高真空、また家庭では静粛に動かなければなりません。

いま、転がり軸受は日本で一日一〇〇〇万個以上生産され、そのうちの四〇％強が自動車に使われています。自動車は世界中でおよそ七億台走っていますので、かりに一台の自動車が消費するエネルギーの一〇％を、ベアリングなどの摩擦を減らして節約できたとすると、一〇〇万kW級の発電所数十基の年間発電量に相当します。ですから、世界中で動いている機械のベアリングで摩擦を減らすことは、省エネルギーという地球環境問題を解決する鍵のひとつになるのです。

私たちはたくさんの機械に囲まれた生活をしています。しかし、ほとんどの人は機械がベアリングによって動かされていることを知りません。それは、ベアリングが機械の内部で動きを支える部品なので、外からはまったく見えないからです。もしベアリングが焼き付いて動けなくなれば機械は故障し、それがジェット旅客機のエンジンのベアリングなら、墜落して大事故になります。ビデオテープレコーダ（VTR）やディジタル多用途ディスク（DVD）のベアリングが摩耗してガタになると、音声や画像が乱れて寿命になります。また、一台の自動車に使われている百数十個あまりのベアリングの摩擦が大きいと、燃費（燃料消費効率）が悪くなって、売れる車にはなりません。

このように、ベアリング自身は小さな部品ですが、機械の性能と寿命と故障を決める大きな役割を果たしているのです。

日本人の暮らしが求めた静かなベアリング

私たちの家庭で身の回りにある機械を見てみましょう。まず生活家庭電器といわれる冷蔵庫、空調機、掃除機、洗濯機、電子レンジ、ミキサがあります。これらの機械は、第二次世界大戦後の一九四五年から普及したものです。最近は、情報家庭電器と呼ばれるパソコン、プリンタ、スキャナ、ファクシミリ、デジタルカメラ、VTR、CD、DVDなどのAV（音響・映像）機器が増えています。これらにはすべて動く部分があり、内部にベアリングをもつ機械です。パソコンは動かないように見えますが、情報を記憶するFDD（フロッピーディスク装置）、HDD（固定ディスク装置）、DVDという回転ディスク装置をもつ機械なのです。

これらの家庭用機械のベアリングに求められる性能は、静かに動く「静粛性」、手入れを必要としない「無保守（メインテナンス・フリー）性」，そして消費電力の少ない「低摩擦性」です。

特に繊細な感性をもつ日本の国民性が，機械にも「静かさ」を強く求めました。そのため，狭い国土に多くの人々が住む日本の小さい住宅で使う機械にも，静粛な運転が求められました。そして機械からでる騒音のほとんどは，ベアリングが原因になって発生するので，日本の家庭用の電気機械には外国製の転がり軸受が使えなかったのです。

それは自動車でも同じでした。狭い道路を走る日本の乗用車のほとんどは，欧米でいう小型車でした。その薄い車体で囲まれた車室には，エンジン，トランスミッション（変速機），デフ（差動歯車装置）からでる騒音が入り込みやすいのです。ですから日本の小型乗用車には，外国製の転がり軸受が使えませんでした。

「科学」には国境がありません。しかし，「技術」には明らかに国土性や国民性という国境があるのです。そこで，日本の転がり軸受に求められた静粛運転を実現する「低騒音」の開発には，新しい技術の創造が必要になったのです。

なぜ世界を動かす転がり軸受をつくったのか

日本は資源小国です。特に，エネルギー資源の八〇％，カロリーベースで食糧の六〇％は海外からの輸入に頼っています。日本人が国際社会で生きてゆくためには、価値の高い人工物をつくって輸出し、その外貨で原料とエネルギーと食糧を輸入し続けなければならないのです。その日本の輸出品の七五%は自動車や電気機械などの機械製品が中心です。そして、日本のいろいろな機械が輸出され、世界を動かすことができたひとつの原因がベアリングにあったのです。いま、世界の転がり軸受の五〇%程度が、日本の技術を使って世界中の国々で生産されています。

一九四五年八月に終わった第二次世界大戦による空襲で日本の生産設備は壊滅的な被害を受けました。私が大学を卒業して転がり軸受メーカ日本精工の研究部門に入った五五年には、乗用車二万台、トラック四万八〇〇〇台が年間の生産数でした。それから二五年後の一九八〇年には一一〇〇万台の国内生産を記録し、日本はアメリカを抜いて世界一の自動車生産国になったのです。いま国内で生産されている転がり軸受は年間二〇~三〇億個、その四〇%強は自動車用で、三〇%近くが輸出されています。

そして、七二年からは研究所長として一〇〇人あまりの技術者を率いての商品開発を二〇年以上続けてきました。この間の日本は図3のように、五五年代の白黒テレビ、冷蔵庫、洗濯機の「三種の神器」、六五年代のカラーテレビ、クーラ、カーの「三C」という家庭用大形商品が普及した時代でした。それは、六〇年に始まった経済成長率が年一〇%を超える「国民所得倍増政策」による、個人需要に支えられた結果でした。

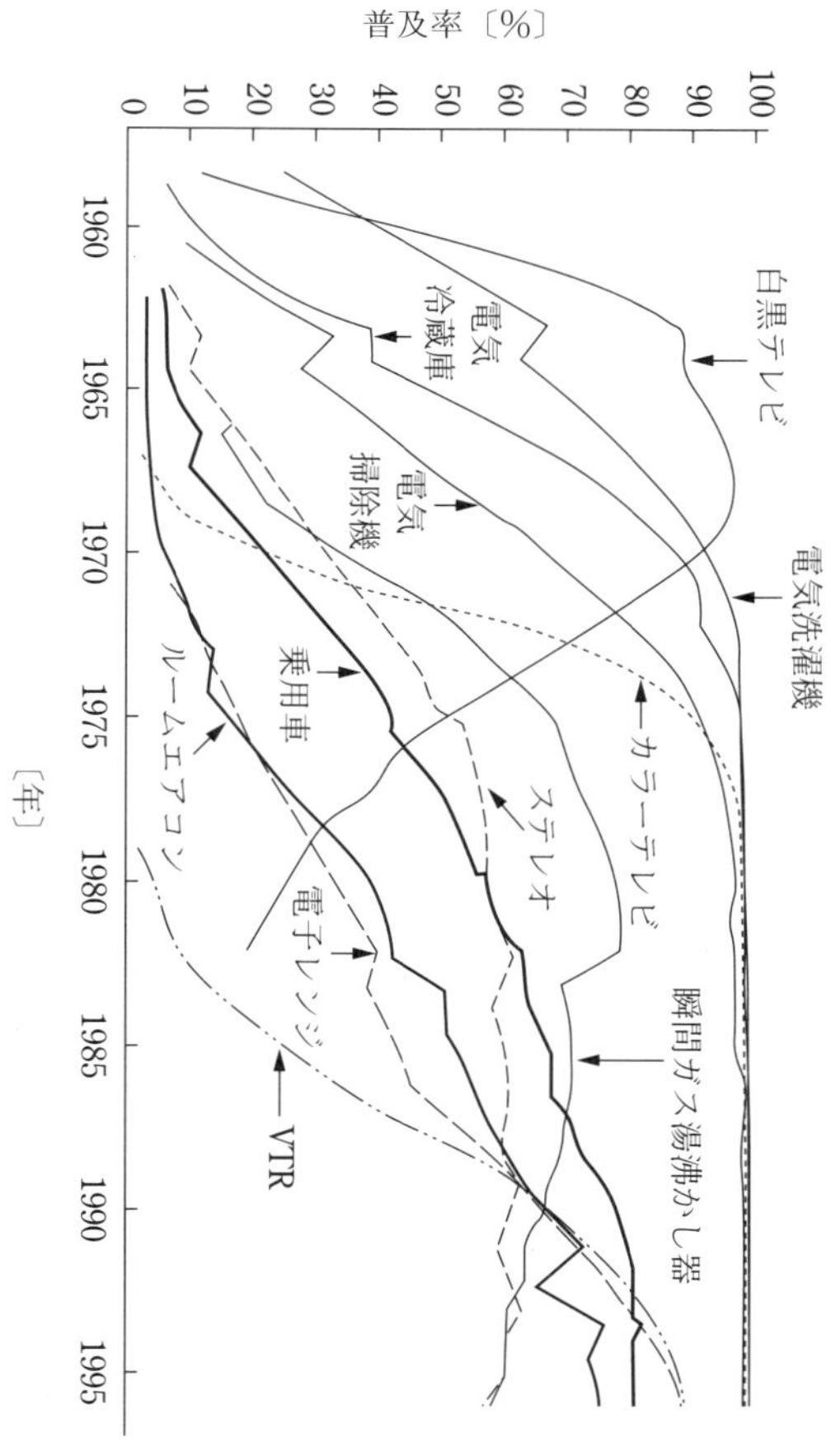

図 3　日本における家庭用機械の普及率

ところで、このような家庭用耐久消費財のほとんどは、およそ六年の商品寿命で設計されています。日本の人口は約一億二〇〇〇万人ですので、平均四人家族とすると三〇〇〇万所帯になります。家庭で六年に一回寿命がきて買い換えると、毎年五〇〇万台の買換え需要になります。いま、日本の耐久消費財のほとんどは、この程度の年間需要を示しています。しかし、たとえばウォークマンのように個人用の商品にすると年間需要は四倍になり、また使用寿命を短く設計することでも年間需要を増やせます。商品需要はこうして予測され、軸受メーカーは研究、開発、生産の計画を立てているのです。

日本の転がり軸受メーカーは、家庭用電気機械からの要求を満たすために、まず五五年代から日本人が強く求めた静粛な「低騒音」軸受の開発を始めました。つぎに六五年代に乗用車の輸出が始まると、アメリカでの過酷な使用に耐えられる信頼性と安全性をもった「長寿命」軸受の開発に着手したのです。こうして電気機械も自動車も日本の最も重要な輸出商品になり、また軸受自身も付加価値の高い輸出商品になったのです。

低騒音転がり軸受をつくりだした技術

図2のように転がり軸受は「内輪」と「外輪」の間に、「保持器」（ケージまたはリテイナ）に保

持された複数の「玉」または「ころ」を入れ、潤滑グリースを密封する「シール」を付けた簡単な構造です。玉ところを合わせて「転動体」と呼びます。

軸受からでる回転音を小さくするために古くから行われてきた方法は、内輪と外輪の軌道面と転動体の表面粗さを小さくし、鏡のように仕上げることでした。転がり軸受は、特殊な鋼（軸受鋼）を高温から冷たい油の中に焼き入れて、ビッカース硬さHv八〇〇という大きい硬さをもたせています。その鋼でできた軌道面や転動面を鏡のように滑らかに仕上げるのは、細かい粒子のサンドペーパで人手をかけて長い時間磨くという、たいへんな作業でした。

その後、転がり軸受からでる音響と振動を小さくするには、転動体、内輪軌道面、外輪軌道面の形状を、小さい波長の「粗さ」とともに、大きい波長の「うねり」もふくめて真円に近づける必要があることがわかりました。

まず一九五二年、研削加工された後の表面粗さを小さくするために日本で「超仕上げ法」が発明され、軌道面の鏡面仕上げ作業を機械化しました。超仕上げとは、細かい粒子の砥石を細かく揺動させる仕上げ加工法で、短時間で鏡面が得られます。こうして、すべての軸受の表面粗さが一㎛（マイクロメートル：一〇〇〇分の一㎜）以下で大量生産できるようになりました。つぎにうねり形状は「芯なし研削法」で小さくできました。これは円筒の外径や内径をいちいち人手による芯合わせ作業を必要としない研削加工法なので、同時に生産の自動化も可能にしました。

また玉軸受の低騒音化には、うねりと粗さの小さい「玉」が最も効果的であることがわかりました。そこで、玉の「ラップ加工法」の開発が進められ、八〇年代には真球度〇・〇五㎛（五〇nm（ナノメートル））以下、平均表面粗さ〇・〇〇八㎛（八nm）以下という、世界初のレベルでの大量生産を日本だけが可能にしたのです。一nmは一〇〇〇分の一㎛のことです。かりに一〇㎜の玉（パチンコ玉は一一㎜）を直径一万二六〇〇㎞の地球の大きさに拡大すると、五〇nmは六六m（国会議事堂）、八nmは一一m（鎌倉の大仏）になります。いま世界中で研究が始まった「ナノ・テクノロジー」が、その二〇年も前に実現していたのです。

こうした超精密加工技術の開発によって、六〇年代には世界一低騒音の転がり軸受の大量生産が日本だけで可能になったのです。

長寿命転がり軸受をつくりだした技術

転がり軸受の寿命は、転動体が軌道の上を転がるときの繰返し応力によって、表面直下の内部で材料に疲れ破壊が起こり、そこに発生したヒビ割れ（クラック）が表面に達したときと決められています。この応力は最大で四ギガパスカル、すなわち一㎟の面積で、大人六人ほどの重さを支える大きさです。この「内部起点クラック」の発生は、材料に含まれる微量の不純物が原因になって起こります。

それは「非金属介在物」と呼ばれる硬い酸化物なので、これをなくすには鋼を真空中で溶かして酸素を飛ばせばよいのです。ところが、真空槽の中で鋼を溶かす「真空溶解法」は大きな設備と費用がかかるので高価になります。当時、真空溶解鋼の使用は、絶対に事故が許されない航空ジェット・エンジンの主軸受や新幹線の車軸軸受に限られていました。

そこで、安価で長寿命の軸受鋼をつくるために、大気中で溶かした鋼を真空槽の中に入れて酸素を飛ばすいろいろな「真空脱ガス法」が開発され、図4のように軸受鋼に含まれる酸素量を減らすことができたのです。その結果、図5のように大気中で溶かされた軸受鋼に比べて寿命が五～三〇倍以上になったのです。このようにして、六五年頃からの日本で真空脱ガス鋼の使用が始まったのです。

ところが七〇年頃になって、この材料を使っても寿命が延びない軸受があることがわかりました。それは、軸受の中に外部から水、ごみ、異物、摩耗粉などの「コンタミナント」が入り込む場合でした。そのために転動体と軌道面との間にできた油膜が破れて金属同士が直接接触すると、どんなによい材料を使っても短時間で表面からクラックが発生することがわかったのです。この「表面起点クラック」の発生を防ぐには、防塵「シール」を付けたり、表面粗さを小さくして厚い油膜ができやすい軸受にすればよいのです。ところで、そのような軸受は低騒音化を実現した日本では、すでに大量生産されていました。

このようにして日本の転がり軸受は世界一静粛で、「長寿命」、「高信頼性」の軸受になりました。その上、油膜のできやすい軸受は「低摩擦」でしたので、理想に近い性能の転がり軸受が誕生したのです。

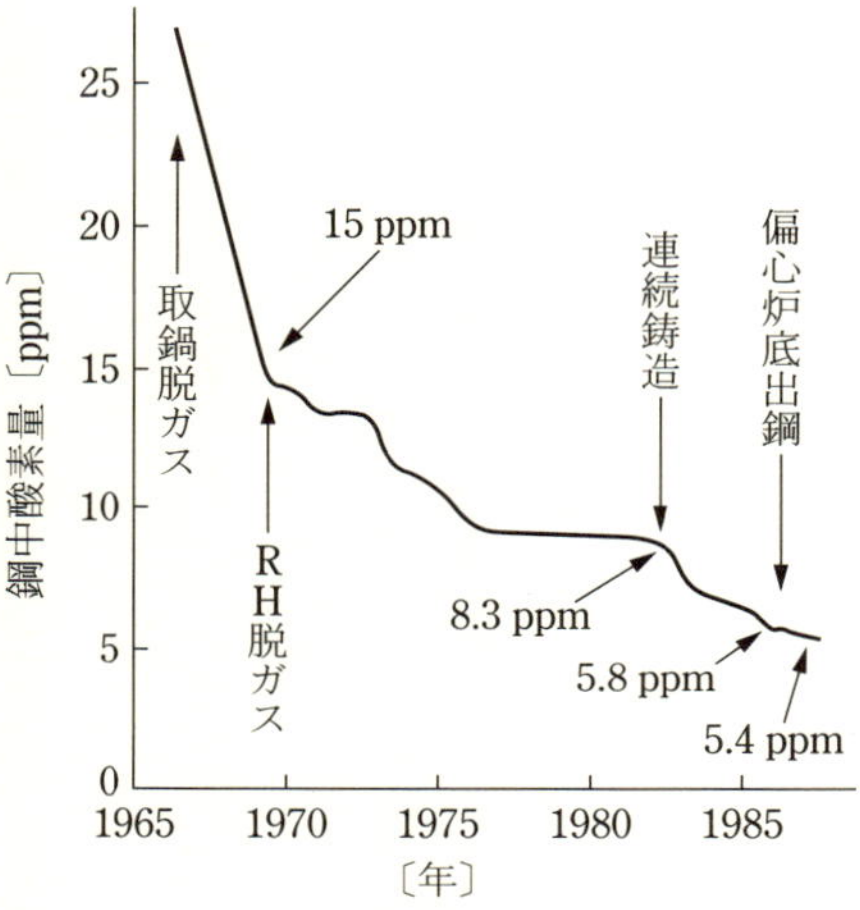

図 4　軸受鋼中の酸素量の変遷

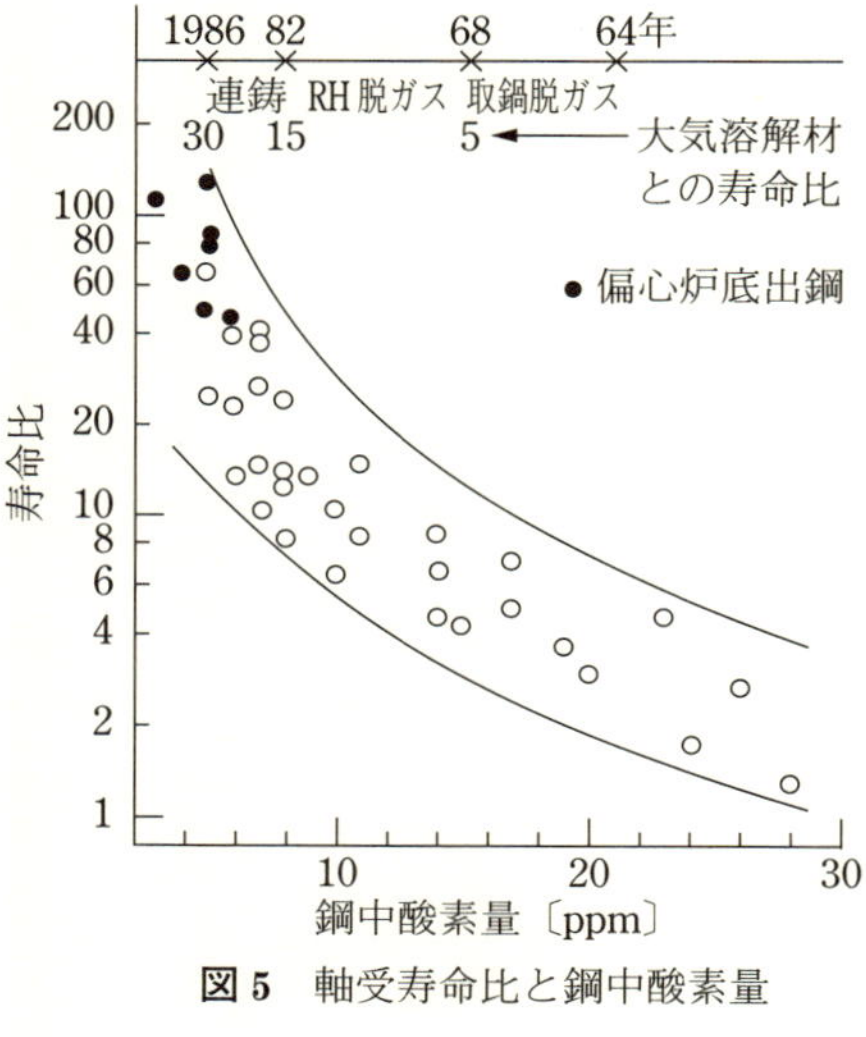

図 5　軸受寿命比と鋼中酸素量

低コスト転がり軸受をつくりだした技術

有毒な排気ガスのような微量成分を表すppmという単位を、聞いたことがあるでしょう。ppmはparts per millionのことで、一〇〇万分の一を表す単位です。転がり軸受の不良率はppm単位、すなわち一〇〇〇万個のうち一〇個程度の不良でも問題にします。こんなに安定した生産ができるのは、優れた生産技術と品質管理（QC）技術のおかげです。ものづくりでの品質は、でき上がった製品を検査して不良品を取り除くのではなく、生産工程の中で品質をつくりこむ、つまり「工程の中では不良品をつくらない」生産を実行するのが「日本的品質管理」の考え方です。そのため、一九六〇年頃から生産現場の作業者を中心に自主的なQCサークル運動が組織的に行われてきました。またQCは統計的手法を使うことで、不良の発生原因が不明でも防止対策を立てられるという、巧妙な技術手法でもあります。

このような生産現場における問題発見能力と問題解決能力の高さが、不良率をppm単位にしているのです。これには、トライボロジーの中で最大の問題とされている生産現場での「メインテナンス（保全）・トライボロジー」による問題解決も含まれています。

そして一九七〇年頃からは、転がり軸受のオートメーション生産も始まり、月産一〇〇〇万個以上

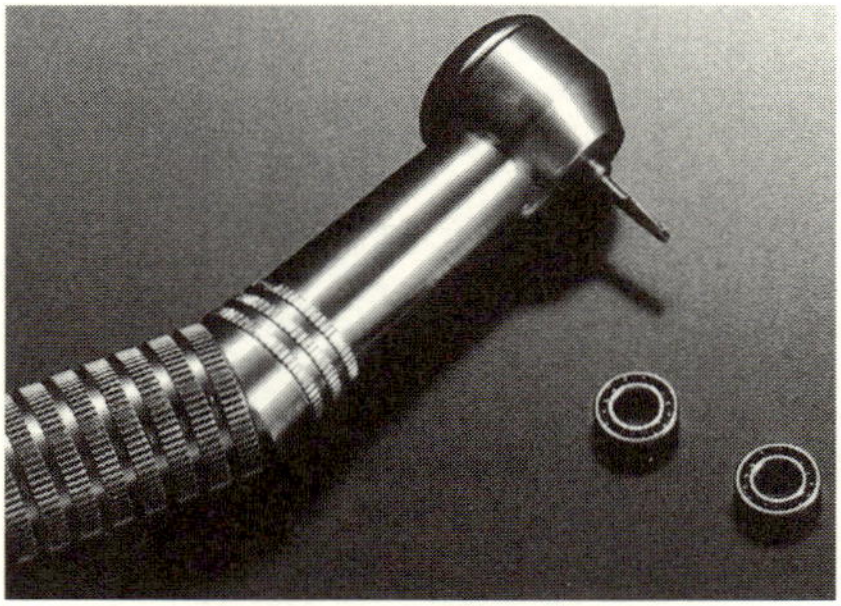

写真 1　歯科治療用超高速スピンドル

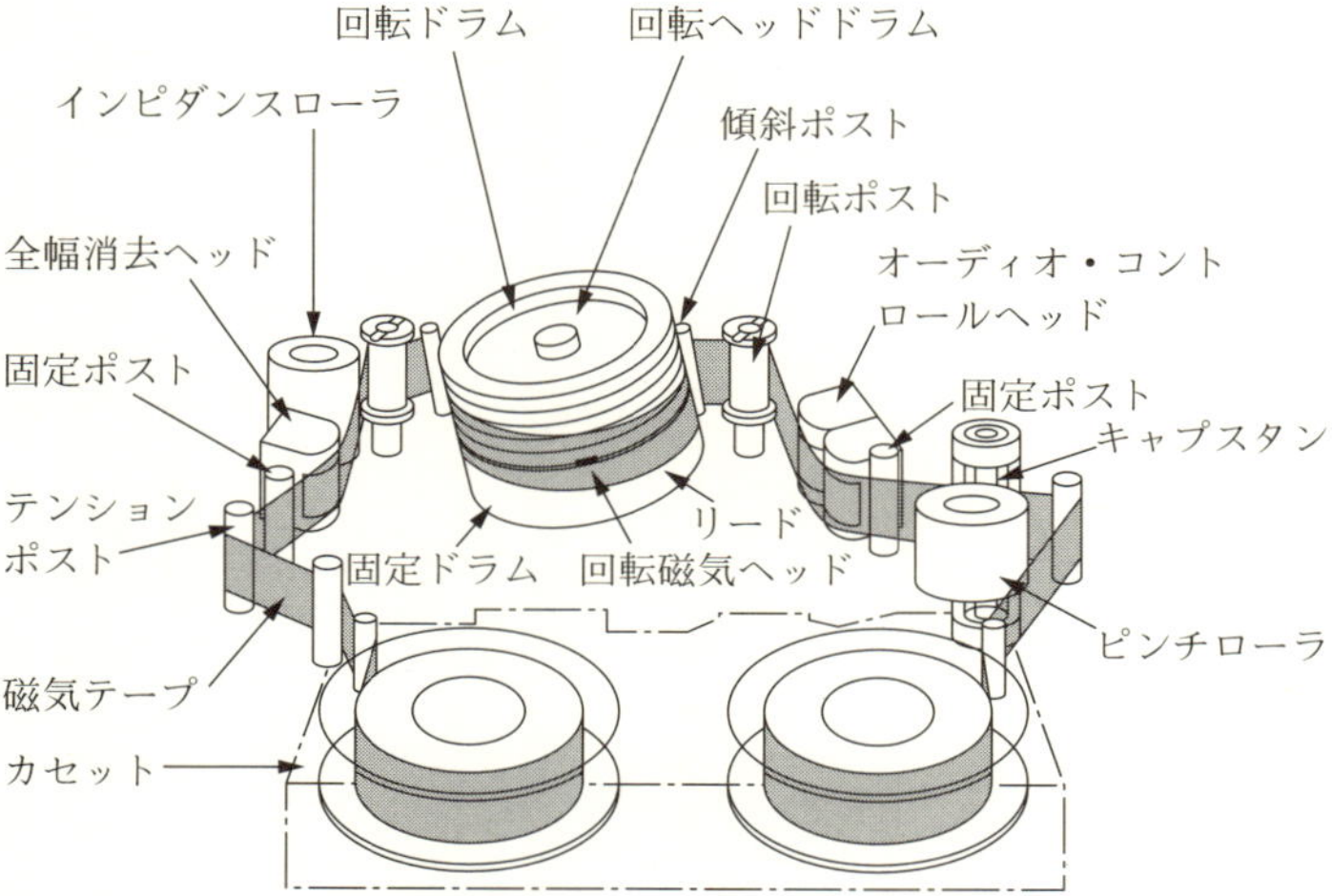

図 6　家庭用ビデオテープレコーダ（VTR）

の単位で大量生産される軸受から、全自動生産システムが一般化しました。このようにして、高品質の転がり軸受の「安定生産」と同時に「低コスト化」を実現させたのです。

そして、写真1の口の中で一分間に四〇万回転する歯科治療用超高速スピンドル、パソコンの一〇〇ギガバイトを超える超高密度記憶用HDD、図6の高精細映像を記録再生する家庭用VTRなどのために、世界中で日本だけが量産できた「極超精密級」の玉軸受が創造されたのです。

EHL油膜型転がり軸受をつくりだした技術

油潤滑される滑り軸受では軸と軸受の間は油膜で非接触に保たれ、その油膜厚さは「流体潤滑理論」から計算される値と実験値がよく合います。

この理論で転がり軸受に発生する油膜厚さを計算すると、接触面の受ける応力が滑り軸受に比べておよそ一〇〇倍大きいので、油膜厚さは表面粗さよりはるかに小さくなります。したがって長い間、転がり軸受は油膜ができない「接触型軸受」とされてきました。しかし、実際に転がり軸受を厳しい条件で長い間運転した後で軸受面を観察しても、まったく損傷の跡が見られないことを、私自身で数多く経験してきました。このことから、どうしても油膜が形成されているはずだと考えていました。そのことは、一九六〇年代に確立された「弾性流体潤滑（Elasto-hydrodynamic Lubrication=EHL）理論」で明らかになりました。

それまでの流体潤滑理論は、軸と軸受は力を受けても変形しない剛体と仮定していました。それに対してＥＨＬ理論では、図７のように圧力を受けた軸受面が弾性変形して面圧が減ることと、油が圧力を受けると粘度が高くなる「高圧粘度」の現象を加えて、従来の流体潤滑理論をつくり直したのです。この理論は、あまりにも複雑なので一つの方程式で表すことができず、コンピュータによる数値計算が必要でした。これで、転がり軸受に発生するＥＨＬ油膜厚さの計算値が、実験とよく合うことがわかったのです。

こうして転がり接触面にも一μmほどの厚さの油膜ができることが、理論的にも証明されました。日本の転がり軸受は、六〇年代という早い時期から一μm以下の表面粗さにつくられていたので、「ＥＨＬ油膜による非接触型軸受」になっていたのです。これで、低騒音、高信頼、長寿命、低摩擦という理想に近い軸受が、安価で大量生産できるようになりました。

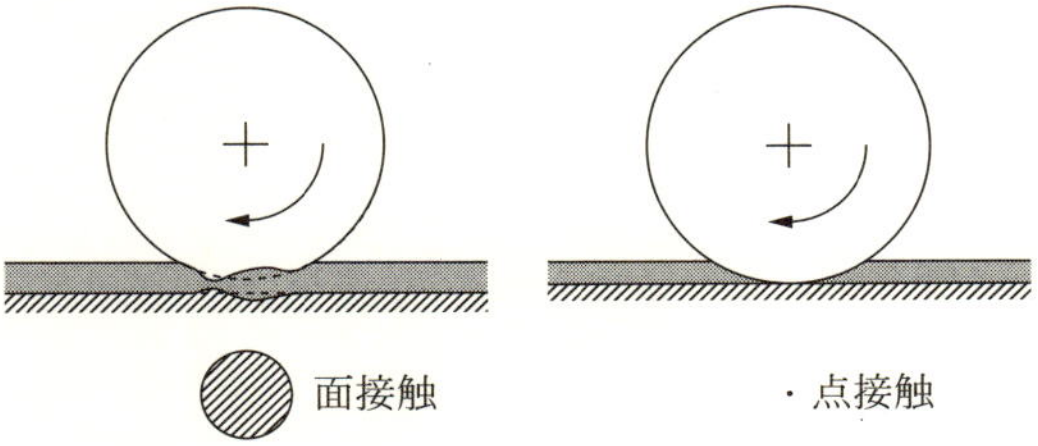

（ａ）（弾性流体潤滑）＝（弾性変形）＋（圧力による粘度増加）　（ｂ）弾性変形しない剛体

図７　弾性流体潤滑（EHL）による油膜形成

始めは国民の要求からつくられた日本の静粛な転がり軸受は、やがて多くの国の人々にも性能が認められ、世界中に普及したのです。この技術の本質は「EHL油膜による非接触型転がり軸受」です。そして一九九〇年代から、世界の三〇％以上の軸受が日本の技術によって世界各地で生産されるようになり、日本の転がり軸受が世界を動かすようになったのです。そのため、八〇年代にアメリカのおもな玉軸受会社は、日本など外国企業に買収されてしまったのです。

アメリカの夢を日本で形にした軸受の技術

一九九九年一一月、日産自動車㈱の大型乗用車「グロリア」と「セドリック」、後には「スカイライン」のトランスミッションに、日本精工が開発した「ハーフトロイダル型無段変速機（CVT）」が搭載されて発売されました。このCVTには歯車がありません。自動車を変速しながら、大きな動力を伝達しているのは出光興産㈱が開発した「トラクション油」と呼ばれる特殊な油による膜なのです。これによって、燃費が向上すると同時に変速ショックも減り、自動車の性能が大きく向上したのです。この開発物語は二〇〇〇年八月に、「NHKスペシャル・世紀を越えて：摩擦の壁を打ち破れ」として放映されました。

EHLのところで、転がり接触面で油が大きな圧力を受けると粘度が高くなる高圧粘度の話をしました。トラクション油は、高圧を受けると瞬時に「アモルファス（非晶質）状の結晶」に変態し、その固体膜が大動力を伝達するのです。

じつは、自動車用トロイダル型ＣＶＴの原理はアメリカで一八七七年に発明され特許になりましたが、実用化できませんでした。その後も、ゼネラル・モーターズ（ＧＭ）社をはじめ欧米の自動車会社や多くの技術者が努力を重ね、また一九七七年にはアメリカの国家プロジェクト「トライボロジーによるエネルギー保存戦略」にも採り上げられました。しかし、どこでも実用化には失敗しました。

このアメリカの夢を世界で初めて日本で形にするまでに一二二年、図８のような無段変速メカニズムの改良特許「ハーフトロイダル型ＣＶＴ」を、私の提案で日本精工が導入してからも二三年という長い歳月がかかりました。そんなに難しい技術開発に、日本のトライボロジストたちが成功した鍵は、いままで述べてきた日本の転がり軸受の「ＥＨＬ油膜軸受化技術」に

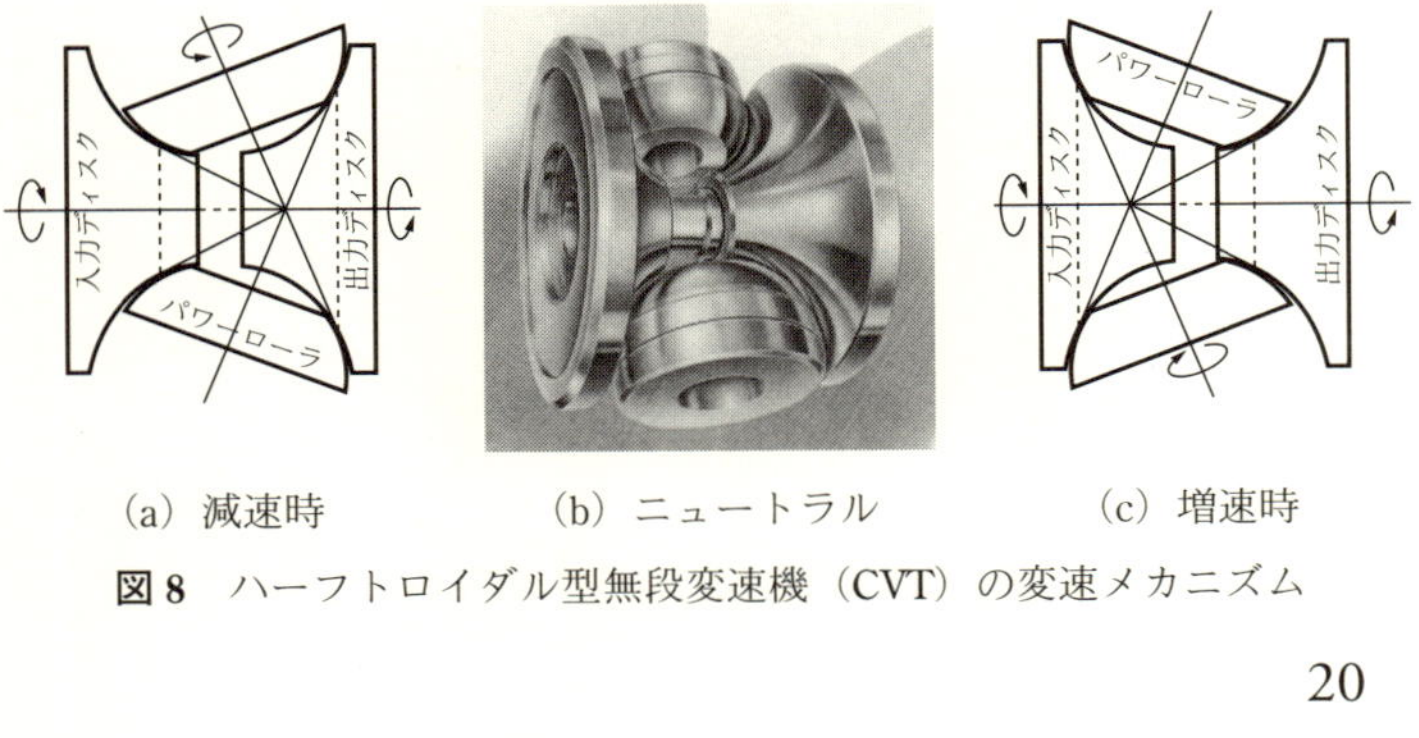

図8　ハーフトロイダル型無段変速機（CVT）の変速メカニズム

あったのです。

図を見てわかるように、動力を伝達するトラクション油膜を形成する大きな「超精密球面」の組合せは、超精密加工でＥＨＬ油膜による非接触型玉軸受をつくる技術とまったく同じなのです。すでに述べたように、一九八〇年代のアメリカではおもな玉軸受会社は外国企業に買収され、国家プロジェクトでさえ遂行する活力と技術力が失われていたのです。

2

高速新幹線へのトライボロジーの挑戦

昭和三十二年、鉄道技術研究所主催の講演会「超特急列車　東京—大阪間三時間への可能性」は、日本人に夢を与えた。そして昭和三十九年、世界に誇る新幹線の開業を実現したのは、多くの人々による血のにじむような努力と、知られざるトライボロジー技術であった。

大山　忠夫　一九四〇年生まれ。東北大学工学部機械工学科卒業。工学博士。六三年、旧国鉄入社。鉄道技術研究所で主として粘着現象など車輪／レール間の接触問題の研究に従事。八七年、㈶鉄道総合技術研究所に移籍。九〇～九五年に高速低騒音新幹線開発部長として新幹線の高速化・環境対策プロジェクトを推進。その後、光洋精工㈱を経て、現在、鉄道総研の関連会社㈱テスの非常勤顧問。

新世代新幹線の車両編成（東海道・山陽）

新幹線の歴史は鉄道技研の講演会から始まった

いまから半世紀近く前の昭和三十二年五月三十日午後、東京銀座のヤマハホールでは、満員の聴衆がこれから始まる講演会をいまや遅しと待っておりました。この日は鉄道技術研究所が創立五〇周年を記念し、朝日新聞社の後援を得て「超特急列車　東京─大阪間三時間への可能性」と題した講演会を行うところでした。開演とともに、鉄道技術研究所の篠原武司所長が登壇し、東京─大阪間を三時間で結ぶため、標準軌（軌間一四三五㎜）の新線を建設し、最高速度の目標を毎時二〇〇㎞以上とする条件で技術的に検討した結果を述べるとし、引き続き、車両、振動・乗り心地、線路、信号・保安の分野での四人の専門家が講演を行い、多くの聴衆に感銘を与えたのでした。

当時、東京─大阪間は、最も速い電気機関車牽引の「つばめ」、「はと」でも七時間半かかっておりました。その後、昭和三十三年に登場した電車特急「こだま」によりスピードアップした三十五年当時でも六時間半の旅行時間でしたから、講演会での東京─大阪間三時間という目標が聴衆に強烈な印象を与えたのは当然のことでした。その頃は、もはや戦後でないとして高度経済成長に向かっていた日本の状況では、東海道線の輸送力も早晩行き詰まると心配されていましたから、その意味でもこの講演会の与えた影響は大きかったのです。

この講演会が引き金となって、東海道に新しい線路を建設すべきという政府に対する答申が昭和三十三年に出され、東京―大阪間ほぼ五〇〇kmの新幹線を五カ年で完成するという国家プロジェクトが、昭和三十四年から始まりました。軌間は一四三五mmの標準軌（ちなみに、在来線は一〇六七mm）、また、できるだけ線路は直線にするということで最小曲線半径は二五〇〇m、一般の最急勾配は一〇〇〇分の一五、コンクリートまくらぎでロングレール、列車は電車方式で架線の電圧は交流二万五〇〇〇ボルト、パンタグラフの離線を軽減する合成コンパウンド架線、自動列車制御装置（ATC）と列車集中制御装置（CTC）の導入といったように、地上設備の仕様が決定されていきました。

昭和三十六年には、営業線の一部区間「綾瀬―小田原」間三七kmの鴨宮モデル線区で試験が計画され、翌三十七年十月末ついに時速二〇〇km走行に成功し、また、三十八年三月末には時速二五六kmの電車列車として世界最高速度を達成しました（写真2）。かくして、東京オリンピックが開催された昭和三十九年（一九六四年）十月一日に晴れて最高時速二一〇kmの東海道新幹線が営業を開始したのでした。当時は一二両編成で、全軸駆動の電車方式、直流電動機で出力は一八五kW、加速性能は毎秒一km／時で最高速度に達するのに約五分かかりました。開業当初は路盤が固まっていないために徐行区間が多く、東京―新大阪間は四時間でしたが、一年後の四十年十一月にいよいよ三時間一〇分の営業運転を実現しました（図9）。

写真 2 モデル線区における新幹線の試験電車（昭和 37 年）
（鉄道総合技術研究所提供）

40.11.1 改正　東海道新幹線

線名	キロ数	駅名＼列車名	271A	273A	291A	1A	293A	101A	3A			103A	5A	351A	7A	105A	9A	11A	107A
		列車番号	こだま271号	こだま273号	こだま291号	ひかり1号	こだま293号	こだま101号	ひかり3号			こだま103号	ひかり5号	※こだま351号	ひかり7号	こだま105号	ひかり9号	ひかり11号	こだま107号
			◎	◎	◎	超	◎	◎	超			◎	超	◎	超	◎	超	超	◎
		入線時刻				545		620	645			720	745	750	815	820	830	845	850
		発車番線				⑲		⑰	⑲			⑰	⑲	⑰	⑲	⑰	⑱	⑰	⑱
東海道新幹線	0.0	東京 発	…	…	…	600	…	635	700	…	…	735	800	805	830	835	845	900	905
	28.8	新横浜 〃	…	…	…	レ	…	654	レ	…	…	754	レ	824	レ	853	レ	レ	924
	83.9	小田原 〃	…	…	…	レ	…	717	レ	…	…	817	レ	847	レ	919	レ	レ	947
	104.6	熱海 〃	…	…	…	レ	…	730	レ	…	…	830	レ	900	レ	931	レ	レ	1000
	180.2	静岡 着	…	…	…	レ	…	758	レ	…	…	858	レ	928	レ	958	レ	レ	1028
		静岡 発	…	…	635	レ	705	804	レ	…	…	904	レ	934	レ	1004	レ	レ	1034
	257.1	浜松 〃	…	…	703	レ	733	832	レ	…	…	932	レ	1002	レ	1032	レ	レ	1102
	293.6	豊橋 〃	…	…	719	レ	749	849	レ	…	…	949	レ	1024	レ	1049	レ	レ	1119
	366.0	名古屋 着	…	…	744	800	814	914	900	…	…	1014	1000	1050	1030	1114	1045	1100	1144
		名古屋 発	645	715	746	802	816	916	902	…	…	1016	1002	1052	1032	1116	1047	1102	1146
	396.3	岐阜羽島 〃	658	728	759	レ	829	929	レ	…	…	1029	レ	1105	レ	1129	レ	レ	1159
	445.9	米原 〃	717	747	818	レ	848	948	レ	…	…	1048	レ	1129	レ	1148	レ	レ	1218
	513.6	京都 着	745	815	845	851	915	1015	951	…	…	1115	1051	1156	1121	1215	1136	1151	1245
	552.6	新大阪 〃	805	835	905	910	935	1035	1010	…	…	1135	1110	1215	1140	1235	1155	1210	1305
	…	到着番線	②	③	②	①	④	①	③			③	④	③	②	①	①	④	②

図 9 東京－新大阪間 3 時間 10 分の営業運転を始めたときの時刻表の一部
（昭和 40 年 11 月）（出典：JTB 復刻版時刻表）

その後の新幹線の発展は周知のとおりですが、新しい高速鉄道を日本に生み出し、さらにそれを進歩させるためには、多くの人々による血のにじむような努力があったことを記憶にとどめておく必要があります。また、新幹線は、広範囲の技術が結集されてはじめて実現できた大規模システムですから、ひとつの技術分野の成果のみに限定して記述することはきわめて難しいのですが、ここでは高速走行する新幹線電車に焦点を当て、トライボロジーがどのように挑戦してきたかについて、その一端をお話ししようと思います。

高速で転動する車輪とレールのトライボロジー

最初に営業を始めた新幹線の車両編成を0系といいますが、その車輪直径は新製時九一〇㎜ですから、時速二一〇㎞では毎分一二二五回転です。鉄道はレール上を車輪が転動することによって加速力や減速力を伝え、また、車両を案内しています。車輪とレールが接触する面積は親指の爪くらいの大きさですから、その部分で荷重（輪重と呼び0系ではほぼ八トン）を支えるので接触圧力はかなり高くなります。

また、モータやブレーキ装置によって加えられた回転力は、この接触部分で接線方向に車輪からレールに伝えられ、鉄道ではそれを粘着力といいます。この力は表面の状態によって大きく影響され、特に、雨や雪が降ってレール面がぬれた状態での粘着力の限界は速度が高くなると低下し、限界粘着力以上に力を伝達しようとすると、車輪とレール接触面間の滑りが急激に大きくなって、駆動時には空転、ブレーキ時には滑走という状態になります。空転している車輪は空回りをして加速できない状況となりますし、他方、滑走の場合には、ブレーキをかけた車輪がロックしたままレール上を滑ることになり、車輪表面の一部が平らになった「フラット」という傷（図10(a)）をつくります。また、完全に車輪の回転が止まらなくとも、滑走によって発生する摩擦熱のために車輪の金属組織が変化し、表面がはがれて「はく離」という傷ができることもあります。これらの損傷は、騒音・振動の発生源となるとともに、乗り心地を悪くし、また、軸受や車軸あるいはレールの寿命を短くするなどの弊害があるため、早急に車輪を削ってもとの形に戻さなければなりません。

東海道新幹線が昭和三十九年に開業して以降、一〇年近くにわたってこのようなフラットが頻発し、その対策に苦慮した時期がありました。当時は、世界で初めて時速二〇〇kmの鉄道を実用化したことにより予期せぬいろいろな問題が発生し、それらの対策に追われたのですが、車輪のフラットもその一つでした。その後、トライボロジー面からの研究により、表面が水でぬれた状態で速度の増加とともに粘着力が低下するメカニズムが次第に明らかになり、車輪表面の粗さが粘着力を改善する上で重要であることもわかってきました。そのようなことから、初めは鋳鉄ブロックを軽く当てて単に車輪表面の汚れを取る目的でとりつけられていた装置を改造し、積極的に微小な粗さを表面に形成する増粘着研摩子が開発され、すべての新幹線電車に採用されるようになりました。さらに、車輪の滑りを検知してブレーキ力を制御する滑走防止制御装置の性能も向上され、車輪フラットの発生は、図10(b)に示すように開業時に比較して桁違いに少なくなったのです。

近年になって、より直接的な方法で粘着力を向上する技術が開発されています。それは、セラミックスの微粒子をレール面に高速で噴射するもので、車輪との接触面に介在させた硬い微粒子が潤滑膜を破り、粒子のくさび効果によって粘着力を増加させるものです。この噴射装置は最近の新幹線電車にも取り付けられ、非常ブレーキの際に作用するようになっています。

ところで、新幹線の最高速度は、昭和六十年（一九八五年）に東北新幹線が上野駅へ乗り入れた際に初めて時速二四〇㎞に速度向上するまでは、時速二一〇㎞のままでした。二〇年間速度向上ができなかったおもな理由は騒音などの環境問題にありました。一九七〇年代に環境庁から航空機騒音に続いて新幹線鉄道騒音対策についても勧告が出され、それ以来、新幹線の速度を向上するためには騒音・振動の低減が必須の課題となり、各方面から鋭意研究開発が進められてきたのです。

高速走行では空気力学的騒音をはじめとしていろいろな音が発生しますが、トライボロジーに関連する騒音の発生源として車輪・レール間の転動騒音があります。その発生メカニズムは、表面に形成される微小な凹凸によって車輪がレールを振動させることで生じるというのが定説となっています。レール表面の微小凹凸は波状摩耗といわれ、波長が三～八㎝の短波長のものから二〇〇㎝に

(a)　車輪フラット

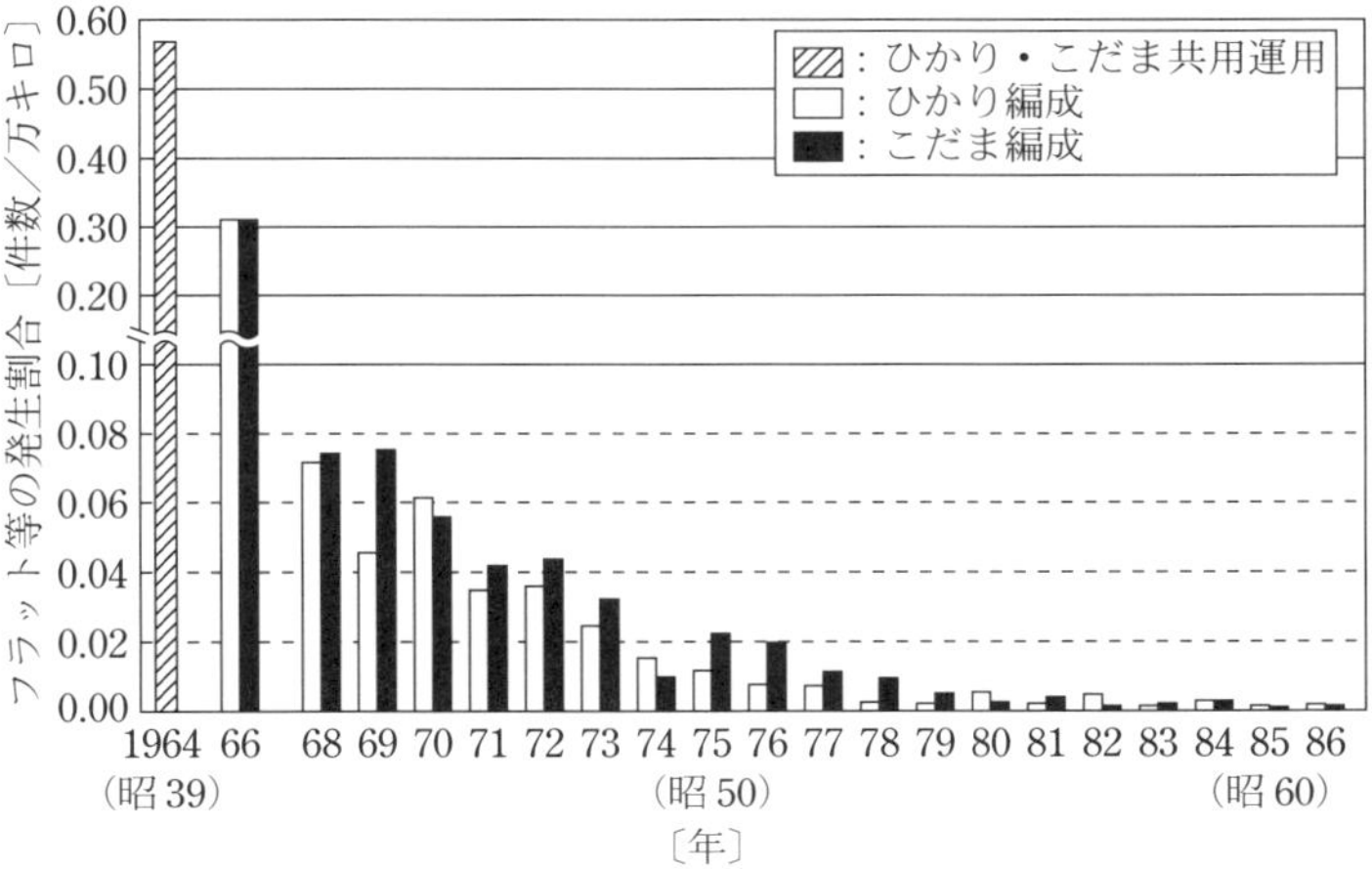

(b)　走行キロに対するフラット等の発生割合の推移

図 10　車輪フラットの減少

至る長波長のものまで形成されます。なぜそのような凹凸ができるかについてはいろいろな説がありますが、トライボロジーが関係していることは確かです。その対策として、新幹線では専用のレール研削車で定期的に表面の削正を行い、転動騒音の低減に効果を発揮しています。

なお、レール上を長期間にわたって多数の車輪が通過すると、表面に「シェリング」という転がり疲れ傷を生じることもありますが、レール研削はその防止にも役立っています。さらに、車輪の方では、前に述べた増粘着研摩子が作用して表面の微小凹凸の発生を防ぎ、転動騒音の低減に効果のあることが認められております。一九九〇年代になって東海道新幹線でも大幅に速度向上ができるようになった背景には、このように騒音・振動の低減技術が大きく寄与しています。

高速で安定走行する新幹線の台車と軸受

「台　車」

新幹線車両の高速化にとって重要な技術の一つが、高速で安定して走行できる台車の開発です。車両が軌道上を滑らかに走行するために、レールと車輪フランジの間には若干のすきまを設けており、また、曲線部分での走行を円滑にするために、車輪の踏面にわずかな勾配（新幹線車両では四〇分の一）をつけています。その結果、ある速度以上になると台車が突然左右に振動し始めます。これは蛇行動といわれるものですが、走行安定性の面からは一般にこの蛇行動の発生によって速度限界が決まってきます。この現象については昭和三十二年の講演会でも松平精博士（注）が指摘し、その後のモデル線の試験で実際に経験されたことでした。蛇行動の発生には、台車の回転抵抗や軸箱を支持しているばねの前後・左右剛性など多くの要素が影響することがわかっています。

その一つが車輪とレール間のクリープ力というものです。これは、先に述べた粘着力と同じ物理現象ですが、蛇行動のような車両の運動を解析する際には、主として接触面の弾性変形によってレールの長手および左右方向に生じる微小な滑りをクリープ、それに対応して接線方向に伝えられる力をクリープ力と呼んでおります。まさに、これもトライボロジーがかかわる現象です。

実際に高速で走行する台車を設計する場合には、このクリープ力も考慮に入れて蛇行動の発生速度が営業速度よりも十分高くなるようにしています。図11は、東海道新幹線の開業当初から新世代新幹線電車が登場する一九九〇年代初期まで、長い間採用されてきた従来型台車の概観です。この台車では、ボルスタという枕はりが台車の中央にあって、それを介して空気ばねで車体を支持する構造です。ボルスタはカーボン入りの耐摩レジン製の側受で台車に支持され、その部分の摩擦とボ

（注）　戦時中に海軍で零式戦闘機の翼の振動問題を解決した技術者で、戦後は鉄道車両の運動に関する研究の第一人者。

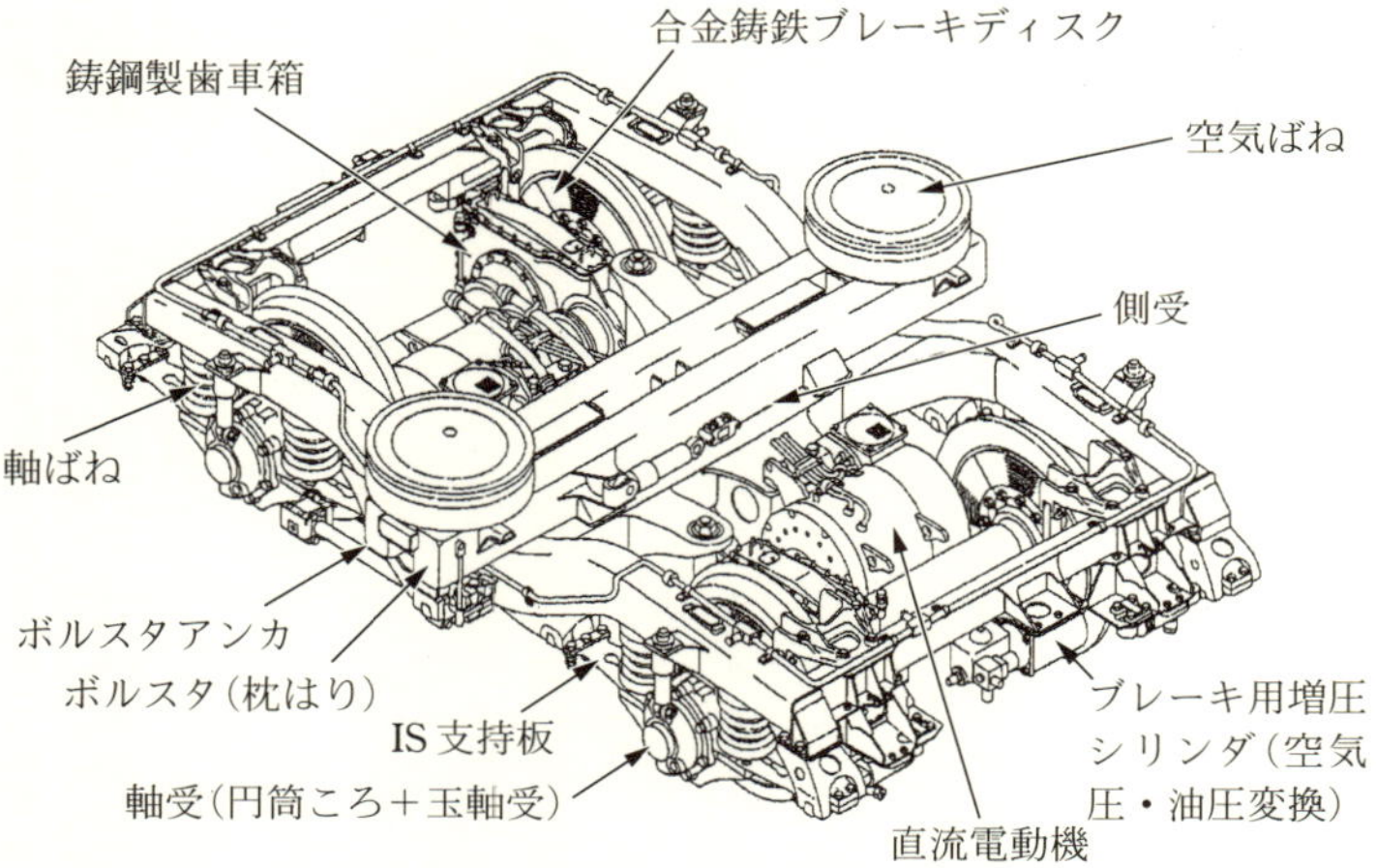

図 11　0系新幹線電車の従来型台車（鉄道総合技術研究所提供）

ルスタアンカで車体と台車間に回転抵抗を与えます。したがって、側受と台車間の摩擦特性が蛇行動の発生などの走行性能に影響を及ぼすことになり、また側受の摩耗も問題となります。後述する新世代新幹線のボルスタレス台車は、このような問題を構造的に解決しています。

「軸　受」

台車部品の中で、車輪をスムーズに回転させ車両の走行抵抗をできるだけ小さくするため、転がり軸受の役目はきわめて重要です。鉄道が誕生以来、長い間にわたって車軸には滑り軸受が使われ、転がり軸受が実用化されたのは世界的にみても一九二〇年以降ですし、日本で国産の軸受が鉄道の車軸に積極的に採用されたのは戦後のことです。したがって、新幹線が計画された昭和三十年代初期の車軸用転がり軸受には課題が多く、高速で走行する軸受の開発には多大な努力が払われました。

車軸軸受には、車両重量や積載重量による垂直荷重と、曲線や分岐器通過時に軸方向の荷重などが加わります。特に、軸方向へ間けつ的に加わる衝撃的な力をどのように受けるかが課題です。そこで、在来線電車におけるそれまでの経験をもとに、新幹線車両の車軸軸受では写真3のように、垂直荷重を複列円筒ころ軸受（内径一三〇㎜）で支持し、軸方向の力は皿ばねで緩衝して深溝玉軸受によって受けるようになっています。軸受の材料面でも特段の配慮をし、円筒ころの材料に真空再溶解鋼を採用し、保持器を黄銅製のリベットレスとしました。さらに、車軸軸受で初めてグリースに代えてタービン油による油潤滑方式とするなど高速走行時の信頼性を特に考慮した構造で、一九九〇年代に新しい型式の台車が誕生するまで、この型式の軸受は長い間新幹線の安定走行に貢献してきました。

しかし、近年、新幹線の速度向上に際しては台車の軽量化が強く求められるようになったため、従来型の軸受では重量の点が問題となってきました。そこで、一九九〇年代以降に登場した新型式

写真 3　従来型新幹線車両の車軸軸受

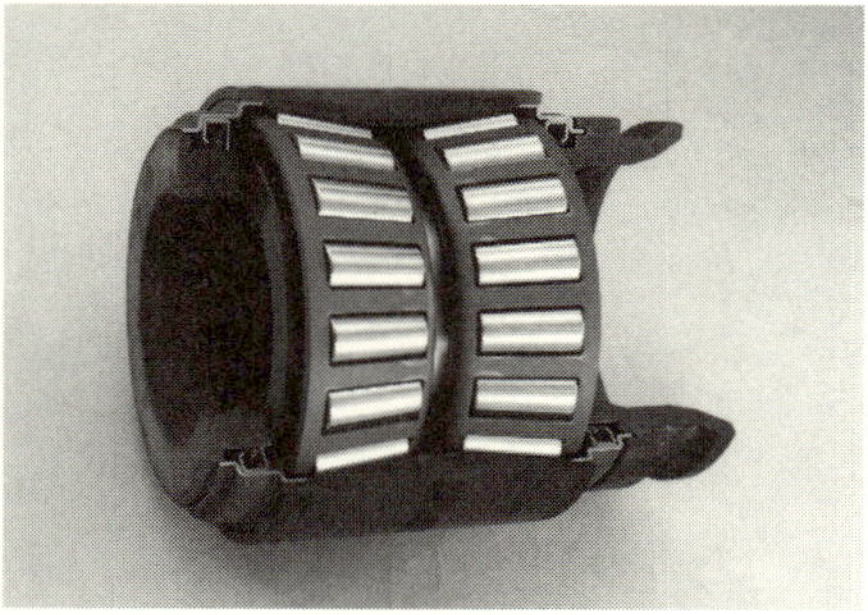

写真 4　新世代新幹線車両の車軸軸受（円すいころ軸受）

台車（３００系）には、在来線車両での長期にわたる使用実績をもとに「つば付き円筒ころ軸受」が採用されました。この型式の台車では軸箱支持装置で左右の衝撃力を緩衝できるため、軸方向の荷重を軌道輪のつばと円筒ころの端面で受けるようにし、玉軸受を省いております。その結果、軸受の重さが従来タイプの半分以下となりました。

その後、次のステップとして写真4のようなグリース密封型の「円すいころ軸受」（内径一二〇㎜）が導入されました（５００系）。この軸受は軌道面で垂直荷重と軸方向の荷重を受けることができ、よりコンパクトな設計が可能となりますので、さらなる軽量化につながります。円すいころ軸受は、ＪＲになってから在来線の高速電車での経験をもとに新幹線電車に採用されたものですが、グリースに変えて油潤滑を採用している台車（７００系）もあります。このように、最近では車軸への円すいころ軸受の適用が多くなってきています。

究極の安全をバックアップする摩擦ブレーキ

交通機関においては、速く走るとともに、できるだけ早く止まる機能を備えていることが重要です。列車のブレーキ距離は速度の二乗に比例して長くなります。一方、空気抵抗も速度とともに増加しますから、新幹線の計画当初には、襟巻きとかげのように車両から風圧板を出してブレーキ力を補うといったアイデアも出されました。しかし、新幹線は在来線と違って踏切の無い専用線路を走行し、さらに、当時としてはまったく新しい信号・保安システムである車内信号方式の自動列車制御装置（ATC）を採用しましたから、それに対応した減速度が得られれば安全は十分確保できるという結論となりました。その際、最高速度から停止までいくつかの速度段が設定され、それに対応して必要な減速度を定めて自動的にブレーキがかかるようにしました。なお、設定できる減速度は先に述べた車輪とレール間の粘着力によって左右されますから、速度が低くなるに従って高い減速度を得るようにしております。その結果、時速二一〇kmから停止するまで、普通に作用する常用ブレーキで約三・〇km、非常ブレーキ時には約二・三km走行することになります。

新幹線は電車列車ですから、駆動の場合のモータをブレーキ時には発電機として用い、発生した電気エネルギーを抵抗器で熱として消費する発電ブレーキを採用することができました。なお、後述する新世代の新幹線では、ブレーキ時に生じた電気エネルギーを変電所に返す回生ブレーキが採用されています。電気ブレーキは、高速から時速五〇km程度まで（最近ではさらに低速まで）作用し、それ以降は摩擦ブレーキにバトンタッチします。また、何らかの理由により高速域でも電気ブレーキが作用しないで失効した場合には、すかさず摩擦ブレーキが対応しますし、さらに、非常の場合には、電気ブレーキ力に摩擦ブレーキ力が付加されて高い減速度を得るようにしています。

ところで、鉄道車両の摩擦ブレーキとしては、昔から車輪の踏面に鋳鉄を主体とした制輪子を空気圧で押し付ける方式が使われてきました。しかし、新幹線において高速で安定して走行するためには、先に述べたように車輪踏面の形状が重要な役割を担っていますので、その面を摩擦面として利用するのを避ける必要がありました。そこで、採用されたのがディスクブレーキ方式です（図11参照）。

いまでこそ在来線電車でも一般に使われておりますが、当時の日本の鉄道では新しい技術である上に、時速二〇〇km以上から作用しても安定した性能を発揮させるには、並々ならぬ苦労があったようです。また、モータの付いた台車の狭いスペースの中で円板を車軸に取り付けることは難しく、そのため車輪の両側をブレーキディスクで挟み、その外面にライニングを油圧で押し付けて摩擦させる方式が考案されました。ディスクの材料として合金鋳鉄が採用され、また、ライニングについては、航空機の摩擦ブレーキにおける実績も考慮して銅系の焼結合金が採り入れられました。このライニングの特徴は、高速で安定した摩擦係数が得られることにありまして、今日まで大きな変更もなく同様の材質が使われています。

初めの予想では、高速から摩擦ブレーキが作用する回数はきわめて少ないものと考えられていたのですが、実際に営業運転に入ると電気ブレーキが失効するのはそれほど稀な現象ではなく、そのためディスクの負担が大きく、その交換は摩耗よりも摩擦熱のために発生する傷で取り換えるものが大部分を占めていました。そうした状況から、その後の速度向上に際しては、熱により傷が発生しにくい鍛鋼製のディスクが開発され、最近の高速新幹線車両に採用されております。

以上のように、高速の新幹線電車でも究極的には、摩擦ブレーキが縁の下の力持ちとして安全を支えているのです。

高速集電システムを支えるトライボロジー

電気を動力とする鉄道車両は、トロリ線をパンタグラフのすり板（図12）が摺動することによって外部から車両に電気を取り込んでいます。このような地上と車上の関係を集電システムといいますが、トライボロジーはここでも重要な役割を演じています。これには、通電状態にあるトロリ線とすり板の摩耗という問題があります。新幹線では、空気抵抗に逆らって高速走行するためにモータの馬力がかなり増大して必要な電力も大きくなり、すり板とトロリ線の接触部分で流れる電流も増加します。接触部分に抵抗があるため電流が流れると温度が上昇し、すり板の摩耗も増える傾向となります。したがって、新幹線では電流の増加を抑えて大電力を供給できる交流電化方式とし、電圧は二万五〇〇〇ボルトになっています。

東海道新幹線が計画された当時、時速二〇〇km以上の速度で集電する技術は世界的にも見当たらず、トロリ線と摺動するパンタグラフすり板材料の開発には大変な苦労をしたのでした。トロリ線の材質として硬銅を用い、すり板の材料には主として焼結合金が取り上げられました。寿命を五〇〇〇〜七〇〇〇kmに設定して開発した結果、鉄系焼結合金で目標をクリアすることができました。それでも、東京〜新大阪間を毎日一往復するとして、七〇〇〇kmの寿命では一週間で取り替えということになります。高速集電系では、すり板がトロリ線から瞬間的に離れる（離線する）際に発生するアーク放電の影響を特に考える必要がありました。そこで、離線を軽減するために、架線構造の面でもいろいろ工夫がなされました。

集電系では、すり板とともにトロリ線の摩耗も考えなければなりません。というよりは架線の張り替え費用を考慮すると、トロリ線への影響の小さいすり板の方が望ましいことになります。東海道新幹線開業後、特定の区間でトロリ線が局部摩耗するとい

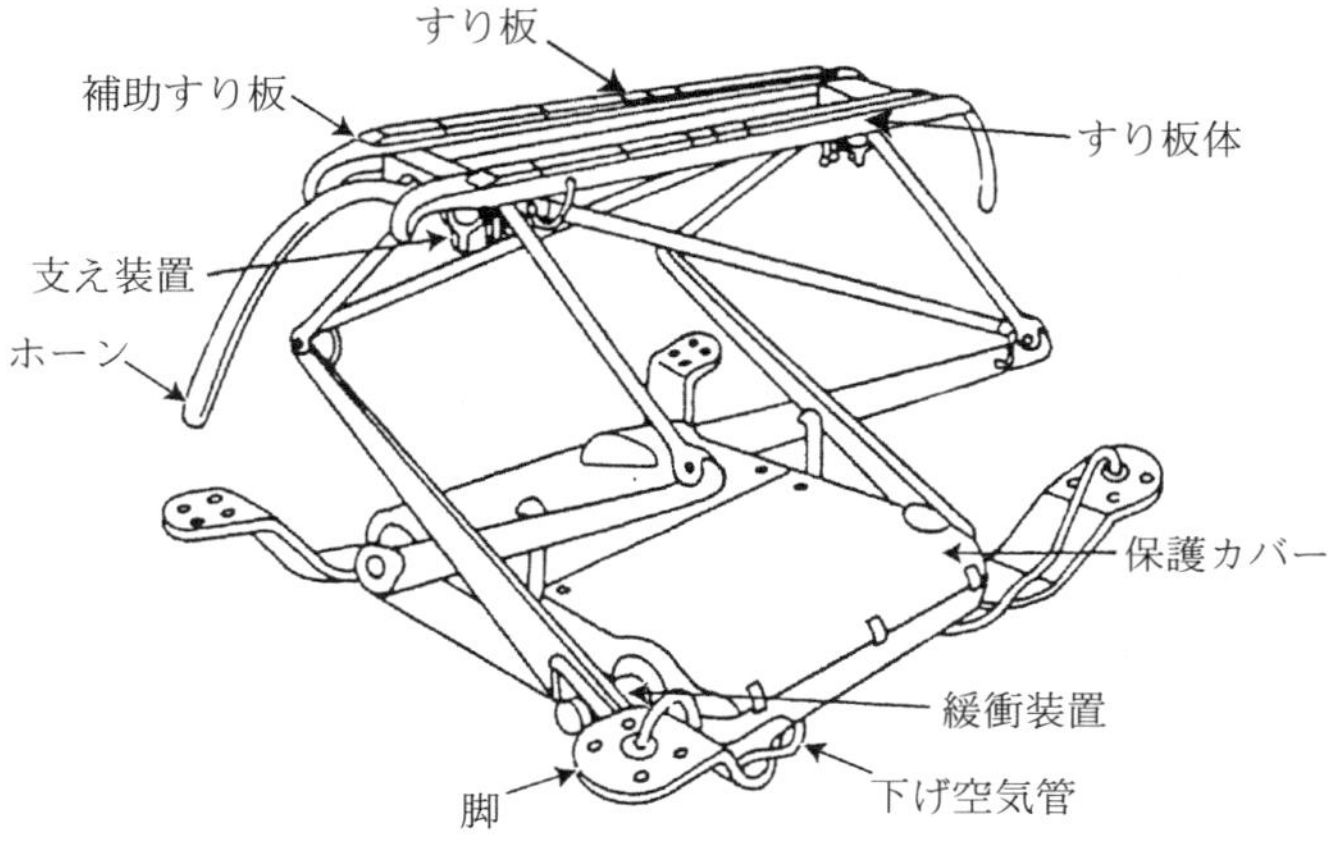

図 12　新幹線のパンタグラフ（鉄道総合技術研究所提供）

う現象が生じ、さらに、トロリ線へのすり板の攻撃性が懸念されたため、その対策の一つとして銅系のすり板を鉄系と合わせて使うことになりました。長期間にわたる検討の結果、鉄系と銅系を三対二の割合で取り付ければ、トロリ線の平均摩耗を従来以下に抑えた上で、すり板の寿命が二倍以上長くなることが認められ、その状態が一九九〇年代初めまで続き、その間、すり板材料のさらなる改良も進められました。

新世代における新幹線電車の高速化技術とトライボロジー

一九九〇年代に入ると、民営化されたJR各社は積極的に速度向上に取り組むようになりました。一九九二年から東海道新幹線で「300系のぞみ」により最高時速二七〇km、一九九七年に山陽新幹線で「500系」が時速三〇〇kmの営業運転を実現しました。これまで、新幹線の速度向上に対しては騒音・振動の低減が最重点課題でしたが、国鉄時代から長い間にわたって積み重ねてきた技術がJRになってようやく花を咲かせたといってもよいでしょう。

いろいろな面からの騒音・振動低減技術の一つとして車両の軽量化があります。これは地盤振動を抑えるとともに騒音の低減にも有効です。軸重として従来の0系が一六トンであったのに対して、300系では一二トン以下まで軽くなりました。新世代の新幹線電車で特に大きく変わった点は、モータが従来の直流電動機から交流誘導電動機となって、高出力（３００系で三〇〇kW）であるにもかかわらず小型軽量化され、また、回生ブレーキの採用によってエネルギーを吸収する抵抗器がなくなったことです。

トライボロジーが関連する台車の軽量化では、従来の枕はりを省いたボルスタレス台車（図13）の開発があります。これに対しては、車軸軸受の小型軽量化と軸箱や歯車箱のアルミ合金化が貢献しています。車輪直径も、従来の九一〇mmから八六〇mmと小さくなっています。そのため回転数も増加し、時速三〇〇kmで車軸は毎分一八五二回転となります。さらに、歯車装置の小歯車軸では、５００系の歯車比二・七九として五一六六回転ですから、軸受や歯車などにかかる負担はかなり大きくなっておりますが、それを可能にしているのがトライボロジー技術です。例えば、歯車が高速で回転するほど潤滑油がかき回されて温度が高くなり、潤滑性能が低下して歯車や軸受の表面を損傷させる心配が生じます。そこで、高温でも潤滑機能を十分発揮できるように添加剤を中心に耐熱性ギヤ油の開発が進められ、歯車装置の高速性能が長期間にわたり安定して維持されております。

ブレーキ技術の点では、高速摩擦時の熱により傷が発生しにくい鍛鋼ディスクが全面的に採用されました。また、車輪とレール間で利用できる粘着力の大きさは編成の前後で異なることが明らかになり、それに対応してブレーキ力を分担する方法が導入され、さらに、非常ブレーキ時の粘着力を高めるために、セラッミクス微粒子を高速噴射する装置を備えた編成も多くなっています。

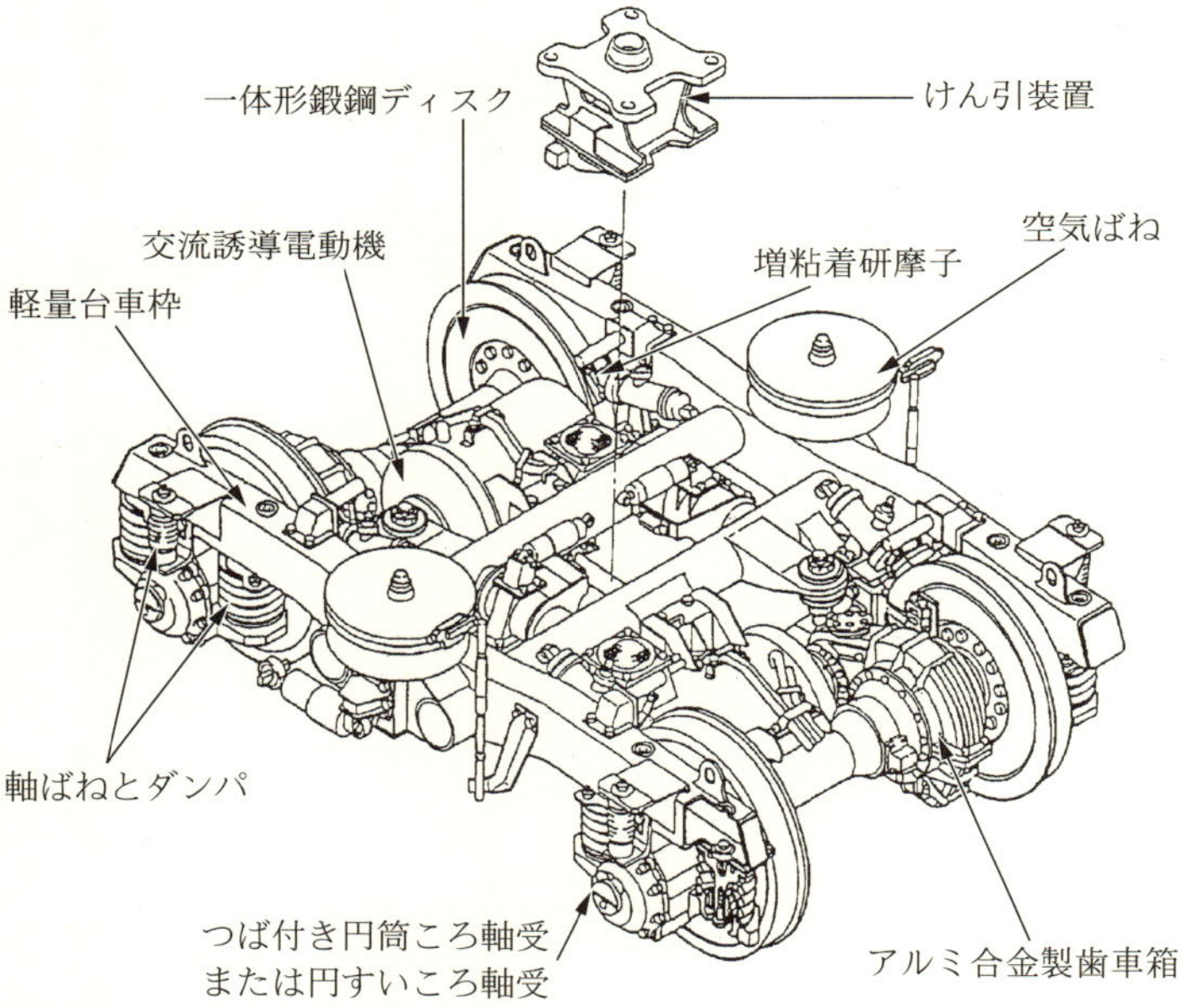

図 13　新世代新幹線電車のボルスタレス台車（鉄道総合技術研究所提供）

さらに、騒音低減と離線抑制の点で、パンタグラフの数を従来の一六両編成で八個から、最近の新製車両では二～三個に減少しています。その結果、高速化にともない必要電流が増加することに加えて、パンタグラフ一個あたりの集電電流も大きくなります。そこで、最近は耐アーク性に重点をおいて材質改善された鉄系焼結合金すり板が適用され、さらに、将来的には炭素材料の適用も有望で、その研究開発が進められております。一方、高速走行にあたっては、すり板の離線を抑えるためにトロリ線を強く引っ張ることが効果的であるという理論的裏付けにもとづき、材質面で強化したトロリ線の開発が進められ、東海道・山陽新幹線における高速化に対応しております。さらに、鋼心を銅で被覆して引張り強度を高くした新しいタイプのトロリ線も、北陸新幹線など一部の線区に適用されています。

以上、高速新幹線へのトライボロジーの挑戦ということで、その経緯を述べてきましたが、これからも新幹線電車においてトライボロジー技術の果たす役割は大きいと考えられ、さらなる進展が期待されます。

3 自動車のトライボロジー研究物語

今日、名実ともに世界のトップを走る日本の自動車技術。約四〇年前、世界への飛躍の黎明期、著者は自動車技術に足を踏み入れる。トライボロジー研究を通じて自動車技術の進歩に貢献してきた著者が、問題解決の真髄を若いエンジニアに語る。

水谷　嘉之　一九四一年三重県生まれ。六六年名古屋大学大学院工学研究科修士課程応用物理学専攻修了。㈱豊田中央研究所勤務。おもにトライボロジーの研究に従事。七七年に工学博士。全豊田トライボロジー部会長を一三年間務め、多くの知己を得る。定年退職後、縁あって岐阜大学産官学融合センター（文部科学省産学官連携コーディネーター）に勤務して地域経済の発展を支援し、現在に至る。

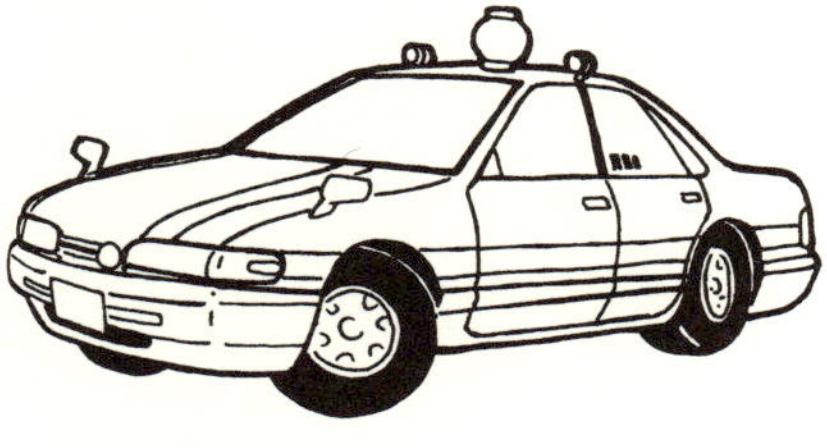

自動車はトライボロジーの塊

自動車はトライボロジー技術の宝庫

摩擦・摩耗・潤滑というトライボロジーの科学技術は、われわれの生活の中にも見られる身近なものですが、自動車も無縁ではありません。無縁どころか、自動車は、トライボロジーの塊《かたまり》なのです。

例えば、車のドアの開閉の快適さはその摩擦の具合に依存します。座席に着けば、シートやシートベルトと衣服の間で摩擦と摩耗が生じ、しばしば起こるシートベルトのたるみはベルトと巻き取り器（リトラクタ）の間の摩擦増大が原因となります。その増大のおもな原因はベルトの表面に付いたわれわれの手垢によるのですから、あまり文句はいえません。

運転席からフロントガラスに向かうとワイパが目に留まります。これも、小雨時にびびったり、ふき取りむらが出たりするといらいらします。ゴム製で長尺のふき取り刃先（ワイパブレードという）が不均一な水滴に触れると局部的な摩擦ムラが起こるので、そうなるのです。特に、ワックスのようなガラスに水玉ができやすい撥水性油脂成分の付着はその現象を助長しやすいから要注意です。そういう訳で、水にぬれやすい親水性のガラスコート剤が市販されるようになりました。

ところで、良好なふき取り性にはゴムの粘さが欠かせませんが、それは摩擦の増因にもなるのです。無論、実用では低摩擦性も必須ですから、それらの両立が必要です。よって、ゴム製の軟らかいブレードは、往復すべりの過程でふき取りにあまり関与しない腹の部分で大半の摩擦ロスを起こしますから、その表皮部分を図14のようにハロゲン（塩素）処理で硬くしています。そうしておいて、ふき取りに必要なブレードの先端部分のエッジに粘いゴムの生地を露出させるのです。ハロゲン処理を「鰹のタタキ」の外皮に例えると、たいていの人はわかってくれましたが、皆さんはどうでしょうか。

自動車にかかわるトライボロジーの技術をざっとみても、図15のようにあらゆる部分に広がっています。だから、自動車会社におけるトライボロジストの仕事は尽きません。尽きないどころか、手が回らないのが実情ですから、おもな研究開発対象はエンジン、トランスミッション、ブレーキなどになりがちです。いずれも多くの摩擦部品で構成されており、それらの研究開発では世界中で厳しい競争をしています。他よりも、一歩でも半歩でも早く、と。

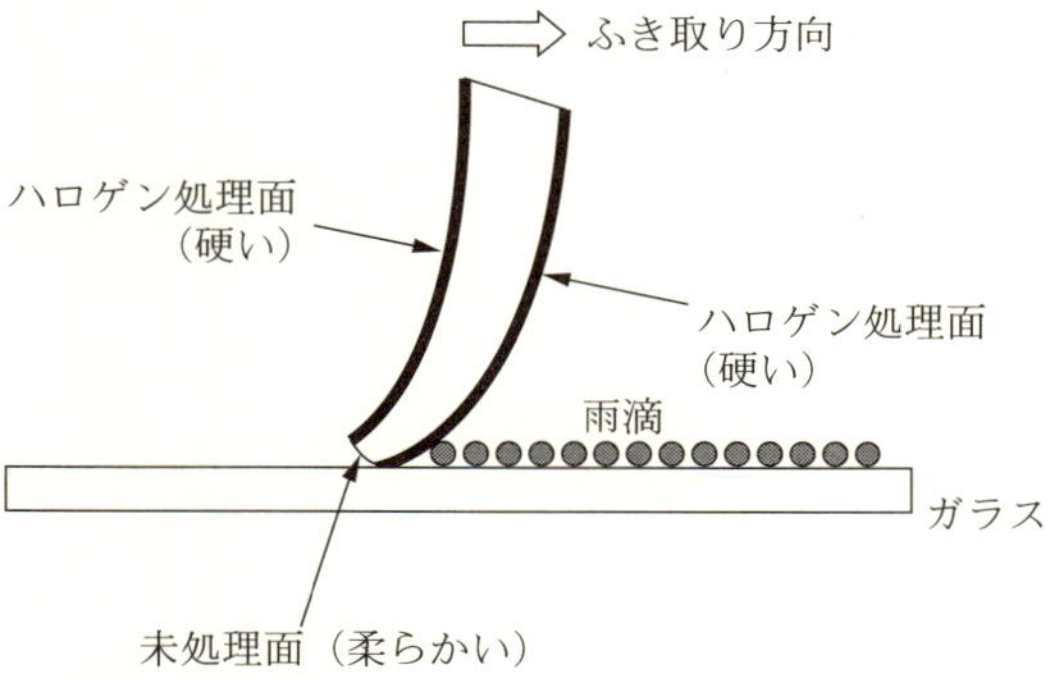

図14　ワイパ刃先（ゴム）の断面と雨滴のふき取り

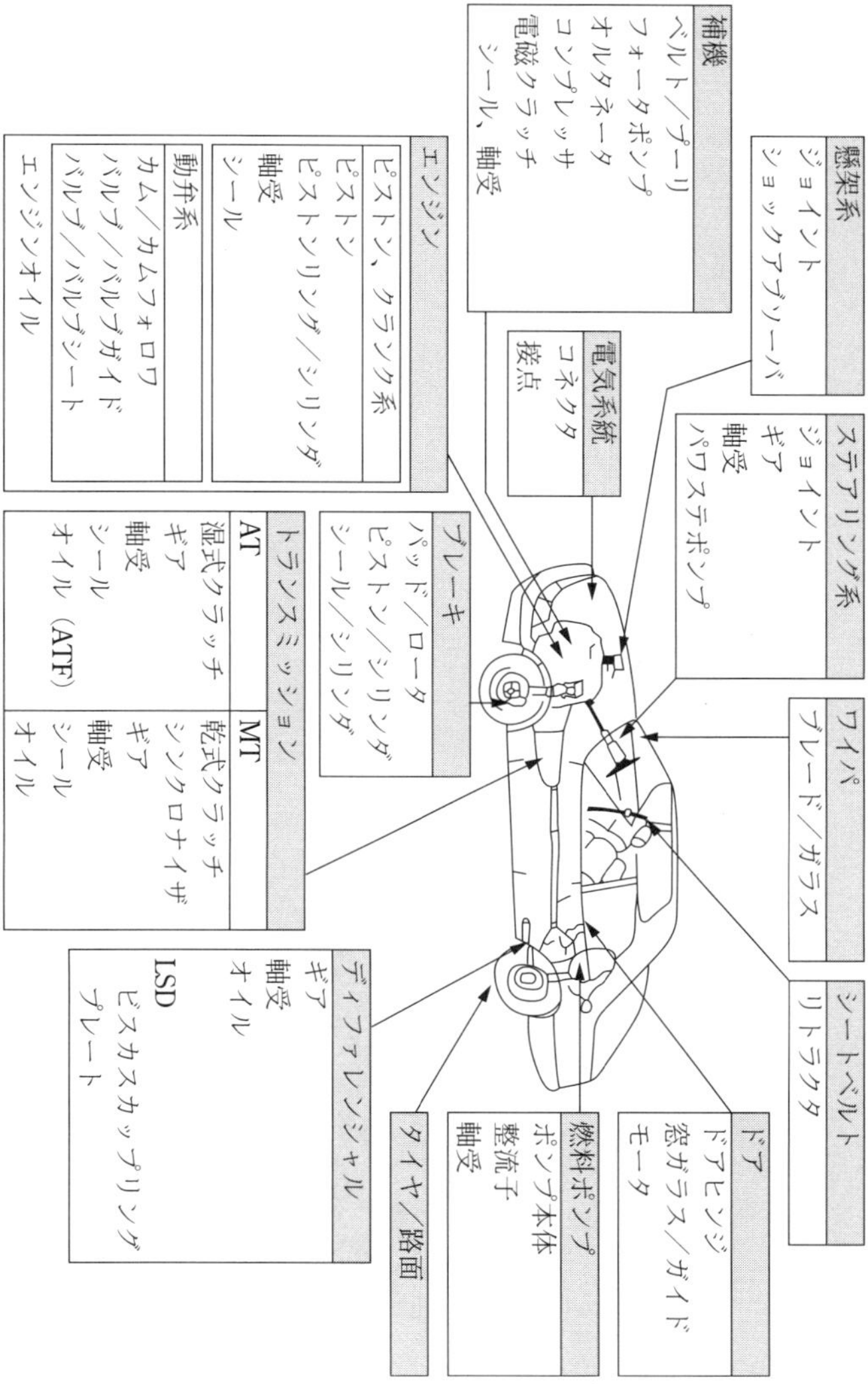
補機
ベルト／プーリ
フォータポンプ
オルタネータ
コンプレッサ
電磁クラッチ
シール、軸受
懸架系
ジョイント
ショックアブソーバ
エンジン
ピストン、クランク系
ピストン
ピストンリング／シリンダ
軸受
シール
動弁系
カム／カムフォロワ
バルブ／バルブガイド
バルブ／バルブシート
エンジンオイル
電気系統
コネクタ
接点
ステアリング系
ジョイント
ギア
軸受
パワステポンプ
ブレーキ
パッド／ロータ
ピストン／シリンダ
シール／シリンダ
トランスミッション
AT
湿式クラッチ
ギア
軸受
シール
オイル（ATF）
MT
乾式クラッチ
シンクロナイザ
ギア
軸受
シール
オイル
ワイパ
ブレード／ガラス
シートベルト
リトラクタ
ディファレンシャル
ギア
軸受
オイル
LSD
ビスカスカップリング
プレート
ドア
ドアヒンジ
窓ガラス／ガイド
モータ
燃料ポンプ
ポンプ本体
整流子
軸受
タイヤ／路面

図15　自動車においてトライボロジーがかかわるおもな部位

トライボロジーで動く、エンジン

運転免許証の取得において、エンジンの構造を知った方は多いと思います。ここでは、ガソリンエンジンの大まかな構造を図16に例示して、エンジンの作動部とトライボロジーのかかわりを紹介しましょう。

通常のエンジンにはトライボロジーが関与する三つの系と潤滑油（エンジンオイル）が存在します。三つの系とは、動弁系、ピストン・コンロッド系、クランク軸系のことです。動弁系とは、燃料と空気およびその燃焼ガスを、それぞれ吸・排気する機構をいいます。弁の駆動は機械式でカム軸とフォロワの接触で行われ、その接触部で転がり・滑り摩擦が生じます。そのフォロワは弁軸（バルブステムという）の頂点をたたき、弁軸は軸ガイド（バルブステムガイドという）

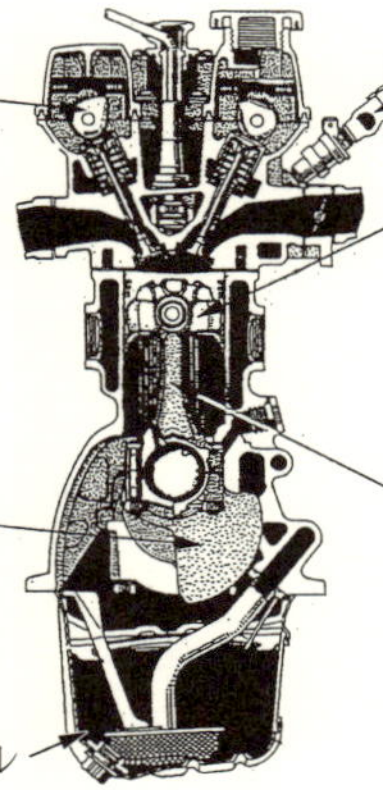

図 16　エンジンの構造（例）とおもな潤滑部位

と摩擦します。その摩擦部位の焼き付き防止のために必要最小限のエンジンオイルを漏らす密封部品（バルブステムガイドシール）が装着されています。弁軸の往復動によって，傘状の弁（エンジンバルブ）が相手の弁座（バルブシート）に着座したり離れたりして，タイミングよく吸・排気が行われます。カム軸は軸受で支えられており，動弁系だけでいくつもの摩擦部が存在します。

ピストン・コンロッド系では，燃焼ガスを密封する三本のピストンリングと気筒壁，ピストンリングとピストンリング溝，ピストンスカート（ピストンの下部の側面）と気筒壁，コネクティングロッド（略称，コンロッド）の軸受と軸間に摩擦部があります。

クランク軸系ではクランクピンとコンロッド軸受，クランクジャーナル部とその軸受の間で摩擦が生ずるのです。

これらのうち，燃焼室内のバルブとバルブシート間の摩擦を除けば，いずれの部分も何らかの方法でエンジンオイルによって潤滑されています。エンジンオイルは，高温となるピストン上部のトップリングや流体抵抗損失が問題視されるピストンスカート部のほか，数千気圧の高面圧になるカムとフォロワの摩擦部など，広範囲の温度や圧力のすべてに適合しなければなりません。さらに，不可避的に燃焼室へ漏れて排ガスになると後段の触媒劣化や大気汚染への影響にも配慮を必要とします。

また，エンジンを作動させるために，種々のエンジン補機部品があり，摺動タイプの電気接点も少なからず含まれています。

そういう状況の下で、あらゆる摩擦部品により一層の省燃費、ロングライフ化が求められ、たゆまぬバージョンアップが行われているのです。

例えば、どんなことを……

動弁系では、昔からカムとフォロワの耐摩耗性向上が目の敵にされてきました。カムが強ければフォロワが負けて摩耗する、そこでフォロワを硬くするとカムが負けるというわけで、まるでイタチごっこのようで、材料屋さん泣かせのひとつでした。そのうちに、潤滑油の性能が上がり、滑り方式のフォロワを転がり方式にして一息ついたのでした（図17）。転がり軸受を装着したフォロワに換えるとその部分の摩擦ロスは滑り方式の二分の一以下になったのです。

ところが、時代の要請は軽量化とコストダウンとなり、やや重くて値段の張る転がり軸受にかわって、再び滑り摩擦の難しい世界に戻りました。もちろん、軽量化のために動弁系の設計は大幅にかわり、フォロワ摩擦面の表面改質では各社共にトライボロジストが一緒になって奮闘しました。いや、過去形ではなくて、いまでもさらなる改良や新技術開発に向けて頑張っているのです。

フォロワが受けた作用力でバルブが開閉します。図18からわかるように、長いバルブの軸（バル

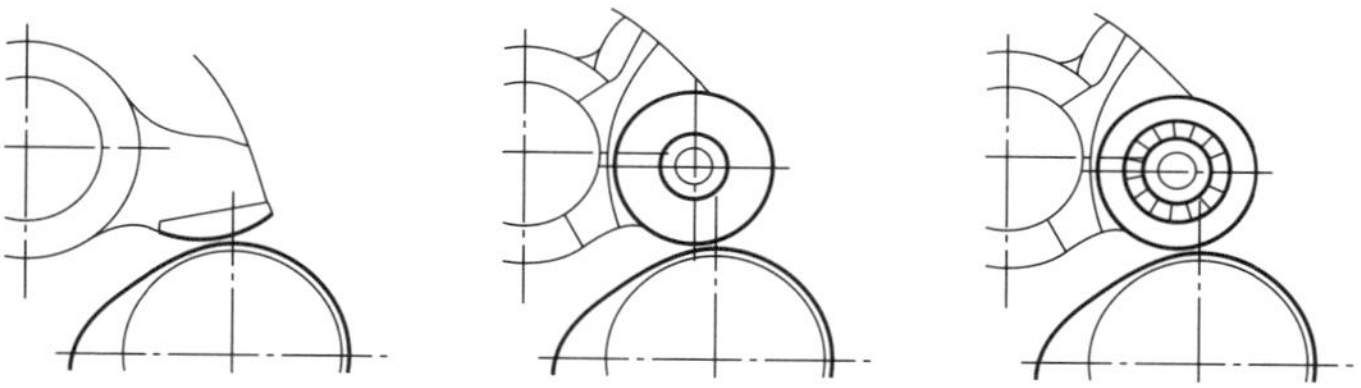

スリッパ方式　　滑りローラ方式　　ニードルローラ方式

(a) 滑り方式　　(b) 転がり方式

図 17　カムとフォロワ

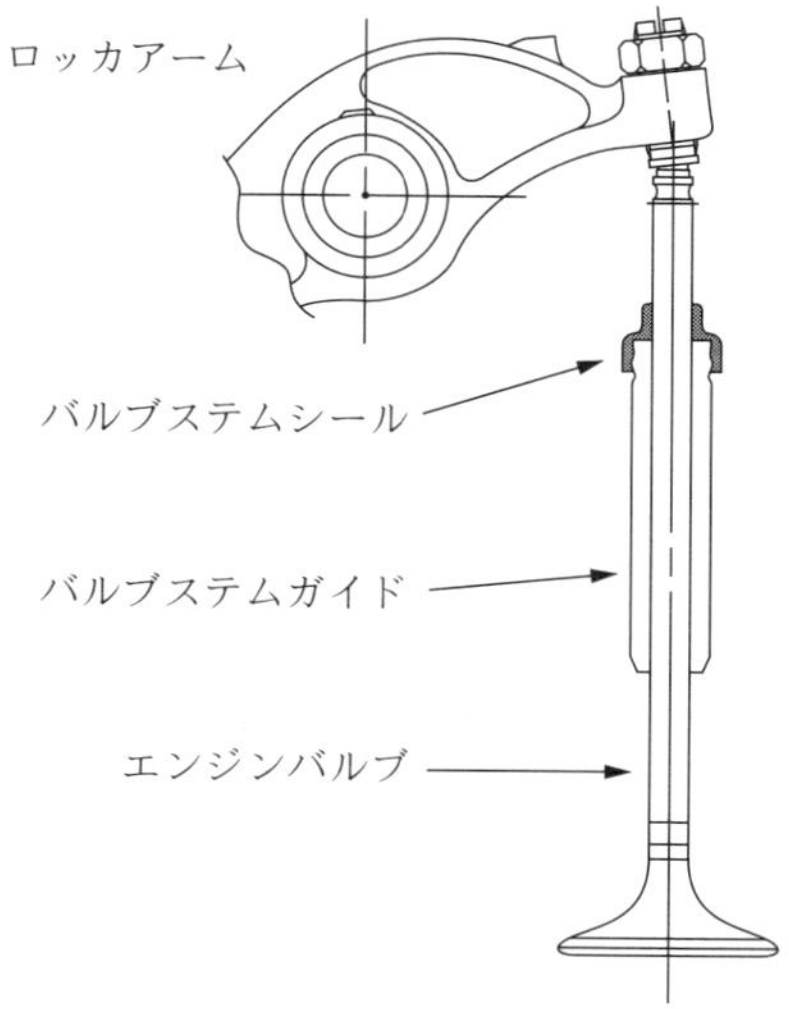

図 18　エンジンバルブ周りの構造

ブステム）はぶれないようにバルブガイドで案内され、ステム、ガイド間の焼き付き防止のために潤滑油を必要とします。ところが、バルブステムガイドは燃焼室の直上にあり、潤滑油が燃焼室へ入らないようにしなければなりません。そのために、バルブガイドの上端にゴム製環状の密封装置（バルブガイドステムシール）を装着して給油を必要最小限にしています。といっても、最適なシールの開発は簡単ではありませんでした。何が難しいのか。設計か、材料か。じつはシールからにじむように漏らす（リークさせる）油量をどうやって定量するかにあったのです。いくら設計や材料を変えてもその違いを単に脱脂綿のような吸油材の重量変化で測るのでは、データのばらつきが大きくて時々刻々の値は得られません。

そこで、放射線計測が大活躍をしました。エンジンオイル中に微量に含まれる硫黄（S）を放射化する方法でした。この方法を、ラジオアイソトープ（RI）計測法といいます。シールから漏れるオイルを溶剤のふりかけによって回収すれば、回収液の放射線強度計測から微小なリーク量が求められます。このようにして、バルブガイド部位の焼付き防止に必要な最少油量となるようなシール設計をしたのです。

その後、RI計測法を用いずに、オイルに含まれる蛍光成分の定量で計測できるようになりましたが、設計においてはその拠りどころとなる計測の重要性、すなわち精確な物差しがいかに大切かを実感したのです。

意外なことからこの世界へ

さて、話をさかのぼれば、一九六六年の春のこと。大手自動車会社系列の中央研究所へ入社しました。設立から六年目の小規模な若い会社でしたが、不況で就職難の当時、「勉強させてもらった上に給料がもらえるから」と指導教授に薦められたのです。今でこそ笑い話なのですが、当時はいつ潰れるかなどと不安を胸に勤務し始めたのでした。入社三日目から親会社の工場現場の実習に行かされ、しかも着いたその日から夜勤だったので、こりゃあ大変なところへ来たと思ったものです。工場二カ月、本社教育一カ月、技術部三カ月という半年間の実習でした。でも、後々にとってそれは大変よい経験だったと感謝しています。現場とはどういうところかを知り、しかもその後の関係が最も深くなる親会社の同期をはじめ、多くの知己ができたからです。

さて、半年後に中研に戻ると待っていた研究テーマが「材料の摩耗解析」でした。そのテーマは某有名大学からスカウトされた気鋭の上司（主任研究員）に社命として課せられたものでした。当時、国産の自動車では市場からの故障クレームが日常的で、なかでも摩耗と腐食のトラブルが山積していたからです。新車では異常摩耗の発生を防ぐため、低速低負荷という緩やかな条件で「ならし運転」を行うのが、ユーザーの常識でした。それでも、トラブルの無い新車はほとんどなく、自動車部品の「摩耗」問題はどのメーカーにとっても深刻でした。いまでは想像もできない話です。

しかし、摩擦摩耗という研究分野は現場的で泥臭くて、学問体系もまったく未整備でしたから、聡明な先輩諸兄は理由を見つけては次々と離脱し、人手不足の状態でした。そんなところへ新米が舞い込み、社内事情がわからぬ内にあっさりとつかまったのです。指名された理由は大学での研究テーマにあったのですが、しばらくは気づきませんでした。大学の修論研究が、「内部摩擦による原子の拡散研究」だったからです。そもそも「内部摩擦」と現状の「機械摩擦」との関係はまったくないのですが、まあ言葉の綾とはいえ、いま思うとそれが私の運命でした。

あとから知ったのですが、奇しくも入社した一九六六年こそ、摩擦・摩耗・潤滑の科学技術を総合した「トライボロジー」という言葉が英国で誕生した年だったのです。

迷いの世界、「泥沼ですぞ」に発奮して

そんな端緒でありながら、定年までトライボロジーの世界によくぞ踏みとどまったものだとわれながら驚いています。来る日も来る日も、上司共々未知でわけのわからない世界でしたから。そういう悪戦苦闘の中で、なんとか頑張る気持ちにさせたのが、入社当時の隣室の偉い人でした。上司が留守の時にふらりと来ては、「君の仕事は泥沼ですぞ」、ケーススタディの山でいつまでやっても

実になる成果は出ませんよ、と忠告されたのです。その真意は計りかねましたが、生意気にもその言で逃げ出したら一体だれがこの分野をやるのだろうかと、悪い癖と知りつつ、密かに反発していたのです。

のちのちになって、もっと素直だったらなあとの思いもしましたが、技術の裾野の広さが好奇心をくすぐり、かつすばらしい上司と仲間に恵まれて、次第にこの魑魅魍魎《ちみもうりょう》の世界の複雑怪奇さに魅せられたのです。トライボロジーの世界で材料表面の物理化学を機械設計につなげよう、そのためにはミクロとマクロのトランスレータになろうと思いを新たにしたのでした。

クレーム解析の時代、成功に自信

振り返ってみると、中研におけるトライボロジーの研究は①クレーム解析の時代、②開発支援の時代、③共同開発の時代へと移り変わってきました。いずれも、自動車メーカーを主体とするグループ各社との協業です。各時代を大まかに区切ると、①は第一次オイルショック（一九七三年）と第二次オイルショック（一九七九年）を経た昭和五十年代半ば（一九八〇年頃）まで、③は地球温暖化問題で燃費規制が一段と厳しくなった一九九〇年頃から、②は両者の間ということになります。グループ各社の技術陣の手が回らない、より基礎的な部分を担ってきたのですが、時代とともに新製品開発へのかかわりが増えてきました。

さて、入社後の一〇年余はまさに故障解析という受身業務の時代でした。たとえば、エンジンが焼き付けば、問題箇所の軸受、ピストン、排気弁あるいはオイルなどの分析調査です。摩耗面の観察、元素分析、物質同定などを手当たりしだい行い、原因を推定して対策の指針らしきものを提示しました。

開発中のエンジンの焼き付き対策では、当時希少な表面分析器であったX線マイクロアナライザ(S社の国産一号機)による元素分析結果がものをいいました。エンジンの実機試験において、クランク軸に取り付けられるコネクティングロッド軸受の焼き付き発生で困っていたときのことです。原因はわが国初のエンジン自動加工ラインの不具合にあったのですが、改造費が大きいので原因がはっきりしないと手が付けられません。できれば、応急処置で済ませたいのでした。自動車と軸受メタル会社の技術陣はいろいろと調べ、メタルの焼き付き防止用表面層の鉛合金が、異常摩耗しやすいことを見出しました。

そこで相手軸表面の粗さを小さくするようにと種々の研磨を試みましたが、結果ははかばかしくありません。むしろ、研磨した方が鉛合金層の摩耗量は大きくなっています。どうしてか。じつは、メタルに相対する球状黒鉛鋳鉄の表面を研削すると、図19のように黒鉛孔の上部に刃先ができます。この刃先が軸の回転に伴ってメタルを削る方向にあったことが焼き付きの主因でした。ですから、研磨によって表面粗さを小さくできましたが、刃先はますますシャープになってメタル表面を削りやすくなったのです。その確証として、黒鉛孔に埋没している鉛成分の分析写真が大きくものをいいました。そこで、現場では刃先の破壊を超音波洗浄法でトライしました。しかし、洗浄液には鋳物砂や刃先の鉄粉が蓄積され、一部が軸面に付着することを表面分析で示して、その方法も断念してもらいました。結局、大急ぎでラインを改造し、新エンジン搭載の新車開発に間に合ったのです。これによって、表面分析による故障解析の効果がクローズアップされ、若輩にとって大変印象深い思い出となりました。

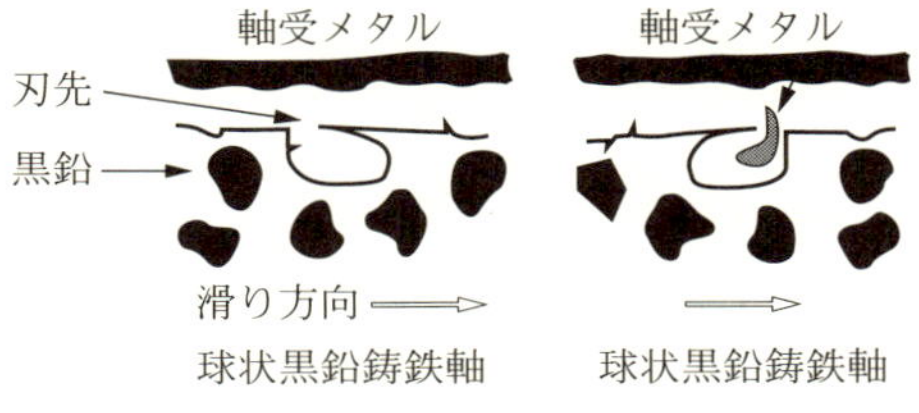

図 19 球状黒鉛鋳鉄の加工断面と切削、埋収された鉛合金

さらばクレーム時代、研究分野の広がり

わが国自動車産業の発展は、米国のマスキー法案（一九七〇年）という排ガス規制に対処した三元触媒の開発成功で拍車がかかりました。一九七〇年代後半のことですが、不思議なことにそのような画期的先進技術の開発とともに、あれほど山積していた市場クレームが激減したのです。自動車の設計、生産技術の大幅な向上によるものでした。こうした歴史的な流れを肌で感じて、これま

での受身型研究から攻撃型、つまり、開発型研究へ転換の必要性を強く意識するようになったのです。

ところが、摩擦・摩耗の研究をするにも、入社当時は摩擦と摩耗を同時に測れる簡便な試験機は一つもありませんでした。大越式という摩耗専用の試験機が一台あって、それで炭素鋼の摩耗機構の研究を手がけました。それによって、摩擦表面層の転位構造を透過型電子顕微鏡で世界に先駆けて観察しました。基礎研究でしたが、学会へ顔を出す新しい話題として役立ちました。しかし、実用面で積極的に役立つには、表面分析主体でのトライボロジー研究には限界があります。

そんな悩みを抱き始めた一九七〇年代の半ばから、幸運にも新しい仲間を少しずつ増やしてもらいました。機械系、化学系が主体ですが、筆者と違って大学でトライボロジーを学んだ正統派が大半です。年配とはいえ、材料物性と表面分析の一部分しか知らない私にとって、若い彼らの専門知識は新鮮であり、それぞれが先生でした。その頃、さらに別部門の化学分野に属した潤滑油の研究者とも合同して曲りなりにも摩擦・摩耗・潤滑の研究体制が整いました。たがいの知見をギブアンドテイクできる小グループとなり、トライボロジー学会での活動も活発になったのです。

やがて、エンジンベンチを有する放射線利用計測グループと合同して念願のトライボロジー研究室に昇格しました。よって、エンジンやトランスミッションのリアルタイム摩耗計測やオイル消費計測などをとおして実機のトライボロジー現象の解明に直接関与できるようになりました。このことは、ラボ試験や表面解析と実機現象との関連づけを大きく前進させることになりました。

研究と開発、すばらしき仲間

こうして、機械、物理、化学、材料系のスタッフと環境が整い、摩擦・摩耗・潤滑に関する実験と理論解析において、基礎から実用までほぼ全般に対応可能な研究体制ができました。都合のよいことに、研究室は大部屋でしたから、専門分野の異なる同士が自由かつ瞬時に議論できたのです。

実用に役立つラボ試験とはなにか、実機のトライボロジー解析における放射線計測法のポイントはなにかなどと、研究室で皆が考え、実践できるようになりました。さらに、実験屋ばかりで、流体潤滑の理論解析は手付かずだったのですが、その分野の新しい仲間と勇気ある実験屋の挑戦によって弾性流体潤滑の理論解析に着手しました。滑り軸受について、実測で検証しながら理論解析を展開できるようにしたのです。特に、素人の挑戦者が着手してから四年後の成果に内外から高い評価を得られたのは望外の喜びでした。時間をかければだれがやってもそうなるというわけではありません。とても、私ではできませんから科学技術のブレークスルーには有能な個人の力の必要性を、再認識させられました。

トライボロジーは学際的な科学技術の分野といわれていますが、多種多様な人材が集まった研究室はまさにそのミニ版を実現したのでした。研究開発の対象とする実機は、おもにエンジンから手がけ、しだいにトランスミッション、ブレーキへと広がりました。扱う材料も、金属、プラスチック、セラミックス、潤滑油と多岐にわたり、かなりダイナミックな研究開発ができるようになったのです。この機能的ですばらしい体制はほぼ一〇年続き、数々の研究成果を挙げることができました。

その成果は試験法の工夫とともに生まれ、筆者の在任中には表1に示すような受賞が内外からありました。立場上、筆者が直接関与したケースは少ないですが、仕事仲間の栄誉は引退した今も大変嬉しく思い出します。

表1 おもな試作装置とそれにかかわる受賞

①腐食摩耗試験機	日本潤滑学会論文賞（1988年）
②高温摩耗試験機	ISATA論文賞（1992年） 日本金属学会技術開発賞（1994年）
③ボール通し試験法	1991年R & D100選（1991年） 東海化学会賞（1996年）
④エンジン油スラッジシミュレータ	1991年R & D100選（1991年）
⑤ピストン油膜計測Scanning －LIF法	自動車技術会論文賞（1994年）

人脈を得た「貧乏くじ」

幸いにも、系列会社は不況にもかかわらずに世界を相手に発展しつつあります。その発展の源はなにか。ひとつはグループ会社の結束力にあるでしょう。結束力の原点は人脈にあり、グループで構成する技術研究会も人脈づくりの役割を果たしています。かつて私が属した研究会には約二〇の部会がありました。トライボロジー部会もそのひとつです。一三社が参加し，恒例として年に四回の研究会と一回の見学会（一泊二日）を開催しました。その部会長，といえばカッコいいのですが，じつはお世話係。それを一三年間務めました。なぜそんなに長いことと思うでしょうが，じつは交替してもらえる方がなかなかいなかったのです。

それで，貧乏くじを引いたと同情してくれる心優しい仲間も少なくありませんでした。しかし，「継続は力なり」というように，グループ会社の皆さんとかなり幅広い年代層で親しくなれたのです。特に，見学会と称する一泊二日の宿泊旅行は，新しい知己を得るよい機会でした。お陰で，リタイアしたいまでも時折声をかけてもらえ，相談にものってもらえます。ですから，当時の役目を「貧乏くじ」といったらバチがあたるかもしれません。

トライボロジーとは要するに

中研在籍中の最後年では，トライボロジーを含む部門のマネージャーを担当しましたが，貧乏性のために気苦労ばかりで管理業務はちっとも楽しくありませんでした。ですから，窓際族へと解放されたときは，ほっとしたことを思い出します。その時，残る時間で会社人生の仕上げをどうしようかと考え、トライボロジーを原点から見直すことに決心しました。その間、フリーランサーとしてグループ各社の技術相談サービスにも注力しました。現場の問題を咀嚼《そしゃく》しながら、いままでの体験を振り返って、摩擦・摩耗の体系的理解に努めようとしたのです。

それでなにをつかんだか、と迫られると答えに窮しますが、なんとなくわかってきたことがあります。どうやら、トライボロジーの極意は機械も人間も同じじゃないかということです。たがいに相手がある場合、強いもの同士はなかなかうまくなじめないし、最初のなじみがうまくいかないと先が続かないのも同じです。ですから、摩耗試験では、なじみ過程での値をいくら精緻に測っても、材料の耐摩耗性の設計にはたいして役に立たないのです。そんなわけで、機械の摩擦部品の中には、なじみやすい硬軟材料のペアが結構実在しています。

一方、なじんでからその関係をうまく継続するには潤滑が必要です。機械ならば油剤が、人間ならば酒やお金やプレゼントが効くでしょう。摩擦の上げ下げに関する制御はクーロンの摩擦の法則とバウデンらが見出した摩擦面の真実接触の考え方から、表面層の設計をどうすればよいかの見当がつくはずです。もちろん、その考えは、摩擦のペアがなじんだ後の定常状態をイメージして適用しなければなりません。男女の仲でも、最初の頃の無分別なべたつきはいつまでも続かないのですから、結婚するなら日常生活がどうなるかを予測しておかねばならないでしょう。

トライボロジーの極意について、もうひとつ。それは造語で、"Human Lubrication"（人間の潤滑）ということです。トライボロジーのように多種多様な科学技術を必要とする学際的分野を到底一人や二人でカバーすることはできません。それで、どうするかといえば、必要な科学技術分野の専門家の協力を求めるのです。そのためには、日常からいろいろな研究者や技術者と仲良くしておかなくちゃなりません。仲良くする極意が人間同士の「潤滑」なのです。

4

本四架橋用軸受に至る道

本州と四国を結ぶ本四架橋、途方もなく巨大な構造物を破壊から守るトライボロジー技術。若戸大橋完成から四〇年、関門橋完成から三一年、大鳴門橋供用から一九年、下津井瀬戸大橋供用の年から一六年、未知の領域で、安全を保障する難しさを克服した経験を語る。

笠原　又一　一九四一年東京都生まれ。六四年工学院大学機械工学科卒。オイレス工業㈱入社、技術部および研究部に所属、自己潤滑軸受、橋梁用支承、構造物免震装置、ビル用排煙装置などの開発に当たる。九六年常務取締役・中央研究所長。九九年㈱免震エンジニアリング代表取締役社長。現在オイレス工業㈱常勤監査役。

本四架橋

無給油軸受（自己潤滑軸受）

機械にはたくさんの動く部分があって，これを動きやすいように支える機械の要素として軸受が使われます。軸受というのは自動車のドアの蝶つがいのところや電車の車軸を支えている部分とか大きさも種類もたくさんあり，回転，往復運動などを行う部分に滑りまたは転がりの機能を持つ部品として使われています。

軸が軸受材料の上を滑り運動するものを滑り軸受といいます。通常，軸がスムーズに運動できるように潤滑油を軸と軸受の間に挟まるように供給して滑りやすくします。実際は，軸が回転しますと油のねばり（粘性）により軸に連れられて軸受との間に自動的に入り込みます。潤滑油を注油しますと摩擦抵抗が下がり軸受の発熱も抑えられ大変具合がよくなりますが，せっかく供給しても軸受の端部から流れ出してしまうことがありますので，連続的に供給したり，油溜めの中に軸と軸受を漬けてしまうという方法が採られます。また，振動が大きく潤滑油が振り切られるような機械では，付着性のよいグリースを塗布するということもあります。

ところが潤滑油を常時供給できない機械装置やプラントなどがあります。例えば自動車ですとエンジンオイルは車検のときなどに交換すると思いますが，ハンドルを回して進行方向を決める操舵装置や車体を支持する懸架装置などの軸受には、最近の自動車のオーナーは給油してくれません。人工衛星や宇宙航空機器では真空のため潤滑油が蒸発してしまいますから、特別な装置をつけないと使用することができません。ダムや河口堰などの水門・扉体では長期間休止していても、いつでも円滑に動けるようになっていなければならず、その間、潤滑油が高い荷重によって押し切られてしまうので、通常の潤滑方式を採用できません。

このような理由で潤滑油を供給してもらえないか、あるいは供給できない事情がある場合には、常時潤滑油を供給する必要のない無給油軸受というものが使われます。

無給油軸受はオイルレスベアリングとも呼ばれますが、これは油をやらなくともすむ軸受という意味でつかわれてきました。一例を挙げますと、含油軸受は軸受を多孔質にして内部に油溜まりをつくり、この中に潤滑油を滲み込ませておいて、軸が動くと摩擦熱により潤滑油が膨張して軸受のすべり面に滲み出す機構になっています。

したがって常時潤滑油を供給するときのような冷却効果はありませんから、豊富に潤滑油が供給されるような状態よりは性能面で制約を受けます。また、内部に貯めた潤滑油がなくなると機能が果たせなくなり寿命となってしまいますので、その場合はちょうど万年筆にときどきインクを補給してやるように潤滑油を供給してやる必要があります。

だいぶ昔になりますが会社に入社したての頃、機械の使用条件が厳しかったので一定期間ごとに潤滑油を給油するように依頼する急ぎの技術説明書をつくって、よくチェックせずにお客様に提出したことがありました。ところが翌日早速呼び出されてしまいました。「なんだ、この説明書の無給油軸受の給油回数について！　とは……」というわけです。

このときほど本当に脂汗を流したことはありません。「月に一回インクを補充しても月筆とはいわず万年筆という」というような言いわけでもすれば、それこそ軸受にではなく火に油を注ぐ（！）ことになってしまいます。

潤滑油を含浸させた軸受以外にも固体の潤滑剤やプラスチックの滑り特性のよい材料を使った軸受など最近いろいろ開発され、現在はこれらを総称して自己潤滑軸受と呼び、取り扱いマニュアルもわかりやすくなっていますので誤解も少なくなっているものと思います。

固体潤滑剤軸受

潤滑油のよいところは液体ですので流れやすく供給するのには具合がよいのですが、荷重が高いと軸と軸受の間から押し出されてしまいます。そこで軸受に高い圧力がかかっても、滑り面から押し出されないで長期間円滑に滑ることができる固体潤滑剤が着目され、固体潤滑剤軸受が開発されました。図20は層状型固体潤滑剤（黒鉛）の結晶構造で、写真5は埋込型固体潤滑剤軸受の摩擦面

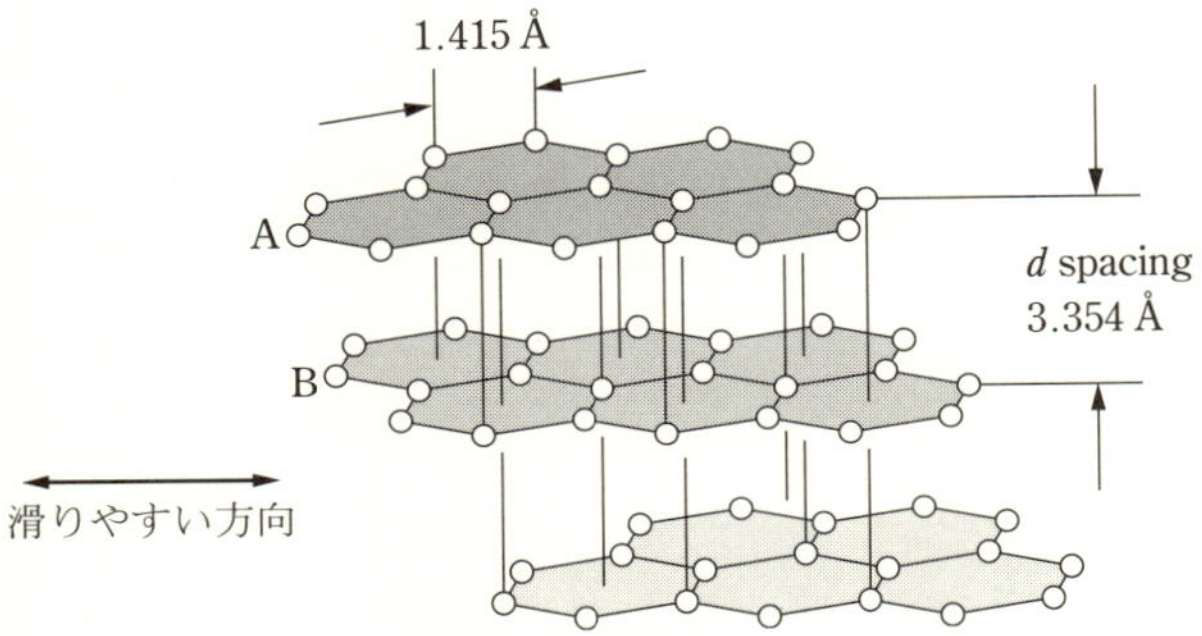

図 20　層状型固体潤滑剤（黒鉛）の結晶構造

写真 5　埋込型固体潤滑剤軸受の摩擦面

写真 6　埋込型固体潤滑剤軸受の例

です。

固体潤滑剤は潤滑油のように簡単には流れませんからあとから注入することは困難です。そこで軸受材料にあらかじめ固体潤滑剤を埋め込んで用いるか、軸受をつくるときに固体潤滑剤を混ぜてしまうという方法が考えられました。軸受材料に機械加工で孔をあけ、そこに固体潤滑剤を埋め込んだ軸受を埋込型固体潤滑剤軸受と称し、固体潤滑剤と軸受材料を混合して固めた軸受を分散型固体潤滑剤軸受と呼んでいます。

両方とも軸が軸受の表面を滑りますと自動的に摩擦面に固体潤滑剤が引き出され、長期間にわたって円滑な潤滑状態を維持できることが実験や実際の機械で使用した経験からわかっています。写真6に埋込型固体潤滑剤軸受のいくつかの例を示します。

固体潤滑剤としては黒鉛がたくさん使用されましたが、これは長期間性質が変化せず五〇〇℃くらいの温度でも使え、また薬液などに侵されないという利点があったためです。軸受のベース材料としては銅合金や鋳鉄などを使用される条件によって選び、潤滑剤としては純粋な黒鉛以外にも潤滑性能を向上させる添加剤などと組み合わせたものもつくられました。その後、固体潤滑剤として二硫化モリブデンやフッ素樹脂も広く一般に使われるようになりました。これらの固体潤滑剤は黒鉛に比べて摩擦係数が低いことや真空中でも使用できるなどの利点があり、特にフッ素樹脂系は電気的な腐食を生じない特性があります。

橋梁用支承

機械などにはそれぞれ保証期間とか耐用寿命があるので、そこに使用する部品もそれにあわせて設計されます。例えば自動車では消耗品として考慮されているエンジンオイルやワイパやタイヤは適当な時期に交換することが前提になっていますが、その他の自動車の部品は保証期間より長い寿命を求められています。

以前は一般の産業機械は保証期間が二年程度で、長くても一〇年で軸受を交換することは常識的に考えられておりましたが、その常識を覆すような状況が出現しました。

いまから半世紀ほど前に日本はすでに軽工業から重工業に移行し、紡績機械や紡織機械向けから造船業や製鉄・製鋼業、モータバイク、自動車産業などに自己潤滑軸受も応用用途が変わってきました。モータバイクや自動車は軽量なプラスチック材料を使用し、重工業では金属系で頑丈な高荷重条件に対応できる自己潤滑軸受が使用されるようになってきました。また一九六四年にオリンピックが日本で開催されることになり、土木分野では東海道新幹線や首都高速道路などが計画され建設が始まりました。

たまたま私の先輩になりますが営業担当のひとりが、橋（橋梁）にも軸受に相当するものが存在することを発見してきました。

橋は鉄製やコンクリート製のものがありますが、気温の変化やコンクリートが固まるときの収縮などによって伸び縮みし、車両などが通過するときにたわみますので、これらの寸法変化や角度変化を抵抗なく受入れると同時に地震や台風で橋脚から落ちないようにする装置が必要となります。

その橋桁を橋脚につなぐ役目を果たしている装置を支承《ししょう》といい、可動支承は滑り軸受もしくは転がり軸受的な機能も果たし橋桁の伸び縮みを可能にします。固定支承は橋桁のたわみのみを許し橋桁が落ちないように橋脚に固定する役割をしています。橋梁の構造、支承の役割を図で表すと図21、図22のようになります。

通常大きな長い橋では転がりタイプのローラを用いた支承で支え、短い橋では鋳鉄製の滑り支承が用いられていました。しかし長期間用いるとローラ支承はローラとその相手の

図 21　橋梁の構造

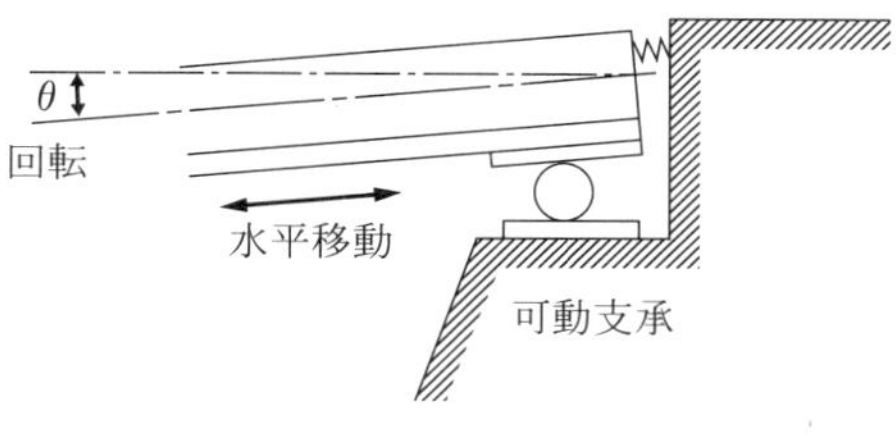

図 22　支承の役割

接触面が錆びて変形し、正常に回転しなくなってしまいます。鋳鉄製の小型支承は形が亀の子に似ていましたので亀の子支承と呼ばれていましたが、鋳鉄支承と滑り合う相手側（桁側）のソールプレートと呼ぶ鋼材との摩擦係数が高く実際上問題がありました。摩擦係数が高いと橋脚や橋桁の部材に過大な水平方向の荷重がかかり、構造部材が破損するなど事故のもとになり好ましくないからです。

さて営業マンがいいますには、お客さんは従来の鋳鉄支承より性能がよくローラ支承が使用されているような大きな橋梁にも使用できるような小型高性能支承を開発して欲しいというものでした。当時の技術開発担当責任者は、なるほどその理由はよく理解できるがそれでは寿命はどのくらい欲しいのかと営業マンに尋ねました。

営業マンいわく最低でも五〇年で、それは可能だとお客さんにはもう約束してしまったというのです。

技術開発担当責任者は絶句しました。

それは当時の一般の機械は先ほどにも述べましたように、二年程度保証すれば十分だったのですが、場合によってはそれを保証することも困難なことがあったからです。とはいえここで簡単に引き下がるわけにいかないというわけで、ただちに支承についての情報収集と過去の使用実績、外国での状況などが調査されました。その結果、固体潤滑剤を使用した軸受技術を駆使すれば、目的とすることの支承が設計できるであろうとの目安がつきました。

しかしまったく設計・製作の実績がありませんので慎重に一番重要な滑り部分についての試料を作成し実験に入りました。まず一cm²当り常時三五〇kg、最高五〇〇kgまで支持できる埋込型固体潤滑剤軸受と同じタイプの支承板（後にベアリングプレートと命名しました）を試作しました。支承板の基材には当時日本ではまだ規格化されていなかった機械的強度の高いアルミマンガンブロンズを（現行規格：ＪＩＳ高力黄銅鋳物四種）を用い、摩擦係数を低減させるため複合化した黒鉛を支承板に埋込みました。

この銅合金材料を用いた理由は、艦船のスクリューに用いられるほど耐食性に優れていたこと、当時銅合金では最も強度が高く、米国などにおいても橋梁用支承に使用されていた例があること、さらに固体潤滑剤との相性のよいことなどが評価され選ばれました。

これを実験で鋼材と滑らせると従来の亀の子支承が示す最良のときの〇・二五の摩擦係数を〇・一五以下に大幅に下げられることが判明しました。この差を実体に置き換えて計算すると、例えば一〇〇〇トンの重さの橋桁があったとしますと、橋桁が熱膨張または収縮で動くときに発生する摩擦による水平方向の力が二五〇トンから一五〇トンに低下することを意味し、それを受ける各部材が大変楽にかつ安全になるわけです。

摩擦試験も種々行いましたが、当時の建設省からの補助金で大型往復運動試験機を製作し、これによって実証試験が可能となりました。実証試験は国鉄構造物設計事務所（当時）や各道路公団などの関係者立会いのもとに連日のように公開で試験を行いました。十分準備していたにもかかわらずその日に限り機械の油圧装置が故障したり摩擦力を測定するセンサを壊してしまったりして，実験担当者としては心臓が止まりそうなことが何度もありました。写真7はその支承試験機ですでに寿命となり廃棄処分になりました。

特に鉄道橋においては本格的な支承の性能試験が実施され，当時の国鉄技術研究所から赤岡純先生（後に玉川大学教授）がおいでになり「新幹線橋梁支承に対する錆・固形異物の影響試験」などの共同研究テーマについてご指導いただきました。

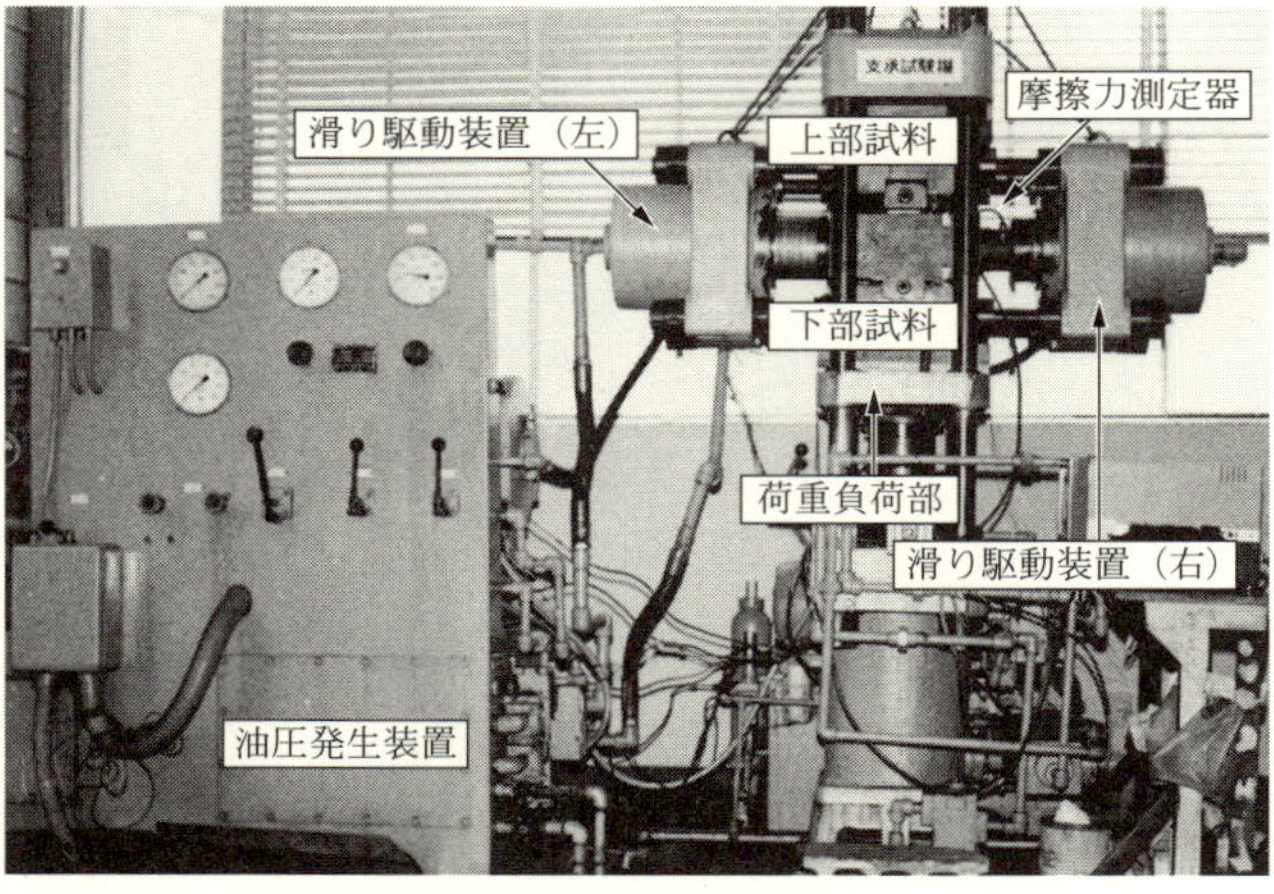

写真 7　支承試験機（1965 年頃）

この間に当時（一九五九年）では最大径間（タワーとタワーの間の長さ：スパン）を誇る吊橋である若戸大橋のタワーリンク軸受に採用され、さらに一九六〇年代に入ると実証公開試験の結果が認められて東海道新幹線の鉄橋や東京の首都高速道路高架橋などの支承にも採用され、東京オリンピックに間に合わせることができました。

当時いちばん困惑したのは、機械工学の考え方では土木の実情に合わないことが多々あったことです。例えば支承を取り付けるのにボルトで締結する穴位置を㎜で決めておきますと、支承を橋脚上にコンクリートで固定し、その上に橋桁を載せようとする場合、橋桁が一〇〇m以上の長さになりますと、大気温度などの影響で伸びたり縮んだりたわんだりしていて正確には合いません。そこで現場でアジャストできるような設計または施工法を考案するか、許容寸法を大きくとる必要があります。

うっかり細かい寸法を入れてしまうと現場に呼び出されます。機械では常識のノギスやマイクロメータで測るなどはとんでもない話で、「ここでは何円（メートル）何十銭（センチメートル）まで使えるがそれ以下の単位はないんだよ」と叱られたことがあります。

また工事現場の環境は厳しく、作業中の橋梁の調査に行きますと高所で目もくらむような場所でも、作業者の方は平気でグニャグニャしなる渡り板の上をさっさと渡っていきますが、こちらは下を見れば怖いし見ないと落ちてしまいますからついて行くだけでも大変でした。

本州四国連絡橋（タワーリンク軸受）

本州四国連絡橋が話題になったのは一九六〇年代の後半で、まだ十分な基本設計の形ができあがる以前でした。当時としてはただただ大きな橋で形状もあまりわからない段階で、支承の仮設計を行いましたが、橋の詳細がわからないで設計したものですから、とてつもない大きな滑り支承と転がり支承を設計してしまいました。一個の支承の重量が一〇〇トン近いものになり、これでは現地まで運ぶのがたいへんで、大型トラックでも箱根の山を越すことができないのではないかということになってしまいしました。

一九七〇年になりますと本四連絡橋公団が発足し、本州―四国の間に尾道・今治ルート、児島・坂出ルートおよび神戸・鳴門ルートの三つのルートが決定され、橋梁の種類も長スパンの吊橋、斜張橋などが建設されることが判明しました。

一九七一年に瀬戸大橋技術開発プロジェクト支承分科会が発足し、この分野で専門の赤岡純先生が主査に就任され再度ご指導をいただくことになりました。

これより橋梁の仕様がしだいに明確になり、そこに使用される橋桁を支える技術は、従来の支承とはまったく異なる形態で、高性能かつ長期間の寿命を保証できるものでないといけないということがわかりました。大きな吊橋の主たる荷重を支える役割を担うのは、図23のようなタワーリンクといって主塔（タワー）から巨大な振り子状のリンクを下ろし、これで橋桁とつなぐ方式になりました。

特大のブランコみたいなリンクには、上下に軸受が挿入され一個の軸受当り最大五〇〇〇トン近くの橋桁と車両などの荷重を支えながら、橋桁の水平方向の移動と車両走行時や強風などによるたわみを許容する構造となります。

これらに関連して多くの実験を実施しました。例えば軸受の銅合金の耐食性を確認するため各種のステンレス軸材料と組合せ、固体潤滑剤も新しいフッ素樹脂系の低摩擦係数を示す材料などいろいろ開発し、志摩湾に筏を

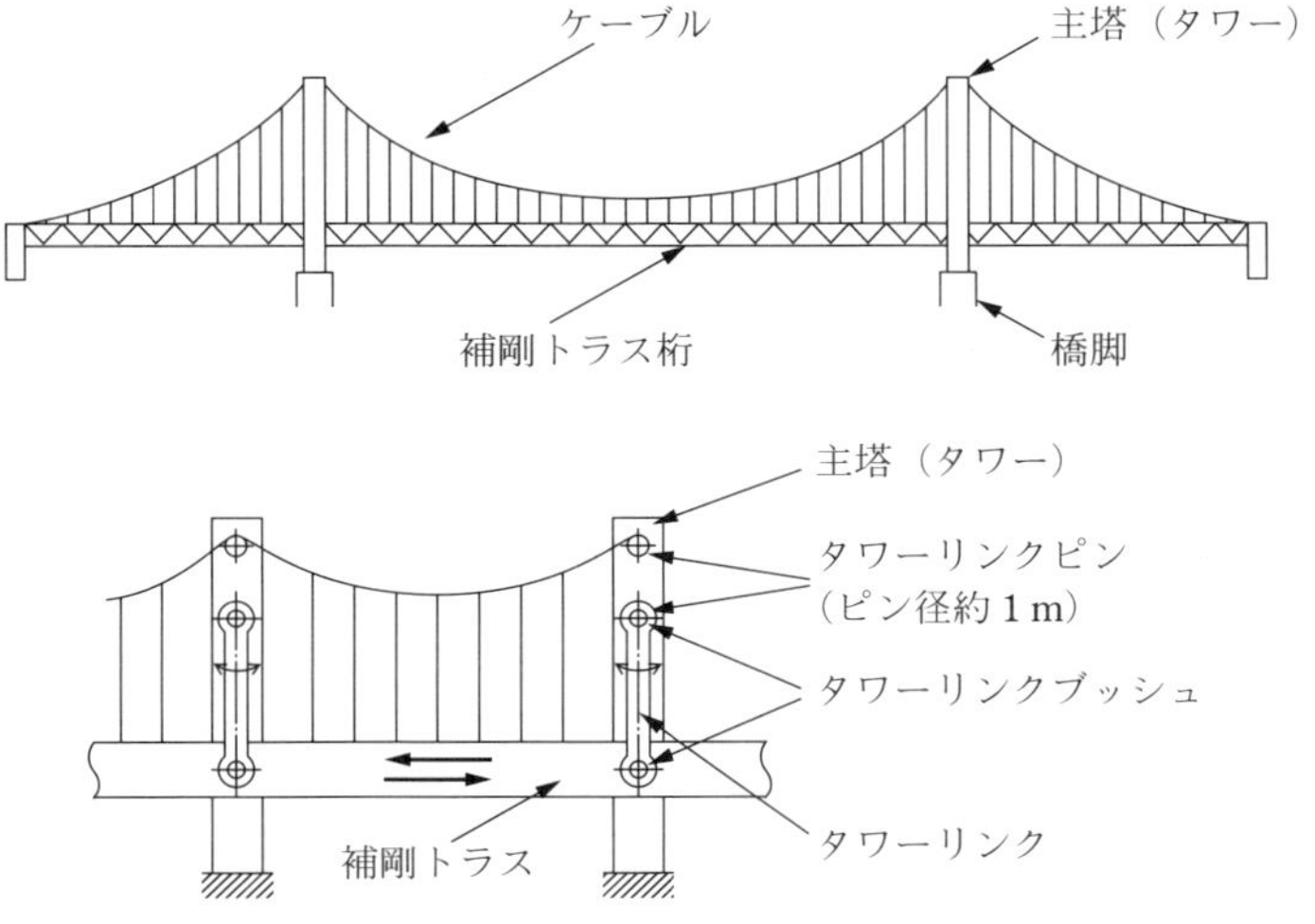

図 23　長大吊橋とタワーリンク軸受取付部

借りて海水中にぶら下げ二年間に渡って腐食の試験を行い、電気的な腐食（電食）などの基本データを得ることができました。

その結果、軸に用いるステンレス鋼である一般のマルテンサイト系のものは電食に弱く、オーステナイト系は電食には強いのですが応力腐食割れを生ずる可能性があるなど、いろいろ問題があることが判明しました。また、固体潤滑剤は新しいフッ素樹脂系のものが電食を生じないことなどがわかりました。

一九七五年になって土木学会の本州四国連絡橋上部構造研究小委員会より「タワーリンク用ピン構造の摩耗特性試験」を受託することができました。

これより本格的に長大橋梁の軸受試験にはいることになりました。

ところがその内容は大変なものでした。なんといっても世界でも最大の長スパン吊橋である明石海峡大橋（全長三九一一m）をはじめ世界最大級の橋が二〇橋近くもあり、さらに下津井瀬戸大橋（全長一四四六m）などの児島坂出ルートは道路橋と鉄道橋の併用二階建て吊橋で橋桁の重量も通常よりも倍近くも重くなります。

まず第一の問題はいかに寿命を保証するかということでした。

特に鉄道橋は道路橋にくらべて巨大な構造物となるため、いったん建設したらその後の交換は不可能とのことで、百年間の寿命を保証する信頼性・耐久性を設計段階で可能な限り確認しておかねばなりませんが、日本で百年もたった大きな吊橋などまったくありませんから参考になりません。軸受の負荷条件としては軸受の最大面圧は一㎠当り五〇〇kgに耐え、この荷重は列車の通過で変動し、一年間に軸と軸受が滑りあう距離は一kmくらいになります。その要求する寿命は百年間ですので、総滑り距離は一〇〇kmになりますが、摩耗は許容値内になければなりません。また、海上における腐食性環境状態でも錆びず軸受機能を十分全うするものでなければなりません。昔、技術開発担当の責任者を絶句させた保証寿命のちょうど二倍になりますので、これは生易しいものではありませんでした。

本四架橋は日本の橋梁技術の粋を集めて設計・施工されたもので、各部門において本当に多くの技術開発がこれに伴って発生しこれを克服していったわけですが、軸受においてもいままでの中で最良の設計技術と製造方法を考慮して進めなければなりませんでした。

そこでまず軸受の摩耗が百年後にどのようになるのか、また摩擦係数がどのようになるのか、最大負荷荷重五〇〇トンをかけられる試験機を製作し、フッ素樹脂系固体潤滑剤を埋め込んだ高力黄銅ベースの軸受を用いて実物のサイズの三分の一のモデル試験を行うことにしました。

軸の直径は三三〇㎜とし、二四万サイクルと一〇〇万サイクルの揺動回転試験（両方足して約三〇年分に相当）を実施しました。この試験は一年間かかり一九七六年三月に報告書を提出することができましたが、摩擦係数は〇・〇六～〇・〇八で要求されている〇・一五以下であり、軸受の摩

写真 9　主塔に取り付けられたタワーリンク

写真 8　タワーリンクに軸受を装着

写真 10　本州四国連絡橋大鳴門橋

耗は百年後に性能にはまったく問題のない〇・三五㎜程度の微少量であると推定できました。その間実験担当者は軸受に異常が生じていないかどうか、毎日休日返上で摩擦係数や摩擦温度の変化あるいは異常な摩擦音が発生しないかどうかを見守り続けました。

その結果ついに写真8に示すようなタワーリンク用軸受を完成しましたが、とても大きいので軸受をはめ込むのに冷やして寸法を縮小し、リンクの穴に装着する方法を採用しました。

マルテンサイト系ではあるがニッケルを含有する成分で雨水、海水などにも強く耐摩耗性にも優れたステンレス鋼ＳＵＳ四三一を選定し、その試験結果が良好でしたのでタワーリンクのピン（軸）として採用されました。写真9はタワーリンクを主塔に取り付けたところで、このあとリンクの下部に橋桁が接続されます。

若戸大橋完成から四〇年、関門橋完成から三一年、大鳴門橋（写真10）供用から一九年、下津井瀬戸大橋供用の年から一六年経過し、現時点では設計どおりの機能を果たしていますが、ひとつだけ残念なことはこちらの人間の方の寿命予測ではとても百年間の経過を自分の目で見ることのできないことです。

ヒューマントライボロジストの情報交換

「トライボロジー」とは表面、接触、摩擦、摩耗、潤滑をキーワードとする「相対運動しながらたがいに影響を及ぼしあう二つの表面の間に起こるすべての現象を対象とする科学と技術」です。

われわれの身の回りは、「もの」と「もの」が「接触する場」であふれています。足と地面、指とマウス、お尻と椅子、コンピュータと机、椅子と床…これらはすべて、本原稿を作成している私の身近にある「二つのものが接触する場」です。もしそこに「摩擦がなかったら？」なにが変わるでしょう？

「トライボロジー」は、空気や水のように身の回りに存在し、快適な生活の鍵を握っているのです。

「トライボロジー」の応用範囲は、身近な生活から現代産業を支えるありとあらゆる工業分野、人間の関節に代表される医療分野、地震の発生、地滑りに代表される自然分野にまで及びます。物理学者Wolfgang Pauliが「神が物体をつくり、悪魔が表面をつくった」と評する表面同士の接触を扱い、そこで発生する摩擦と摩耗を制御するためには、物理学、化学、材料学、弾塑性学、破壊力学、流体力学、熱力学、医学、生物学など数多くの学問とトライボロジーが応用される分野の経験的知見がたくみに融合されることが求められます。

現在の多様化され細分化された科学技術を融合し、身近な生活から最先端技術に至るまで快適性、信頼性、高機能性を実現するための「基盤技術でありかつ学際的学問」が「トライボロジー」です。

相性の悪い人同士が出会うとき、そこには摩擦が起こり、ときに傷つけあいます。一方、相性のよい人同士が出会うとき、そこには楽しい会話が生まれ、ときに新産業が創出されることもあります。第一印象が悪くても、おたがいに話をすることで徐々に打ち解け非常に相性がよくなることもあります。その際、お酒がよい潤滑剤になることもよく知られています。なぜ、相性が存在するのか？　相性によってどんな違いが出てくるのか？　いかにして相性をよくするのか？　そのためにどんな潤滑剤が有効であるか？　相性のよい組合せは、何を創出するのか？　これらはすべて健全な世の中を実現するための科学と技術であり、まさに人と人の間に起こる現象を対象としたヒューマントライボロジーです。

日本トライボロジー学会は、「トライボロジー」をキーワードに、快適な生活から最先端の技術開発の実現を目指す、ヒューマントライボロジストのための情報交換の場を提供しています。

（二〇〇五年五月現在）

問合せ先

社団法人　日本トライボロジー学会　事務局
〒１０５-００１１　東京都港区芝公園三-五-八　機械振興会館内四〇七-二
ＴＥＬ：０３-３４３４-１９２６　ＦＡＸ：０３-３４３４-３５５６
E-mail : jast@tribology.jp
URL : http://www.tribology.jp

5

鉱石が潤滑の難問解決に貢献

一九五六年、人生を変えた〝未知との遭遇〞。日本機械産業の進歩を支えた〝魔法の薬〞は二硫化モリブデンという鉱物による潤滑剤であった。鉱山で使用される機械で実績をあげた技術は、自動車、食品用機械、家庭用ガスコック、種々の滑る界面で活躍している。

渕上　武　一九二九年生まれ。五〇年三月新居浜工業専門学校機械科卒業。同年四月住友金属鉱山㈱入社、保全業務。六三年三月住鉱潤滑剤㈱、出向。九二年六月同社退任、潤滑通信社入社技術顧問。九三年六月同社退任。九四年二月日本潤滑剤㈱入社、技術顧問。現在に至る。

組立用の固体潤滑スプレー

潤滑→トライボロジーとは

日常会話の中でも潤滑という言葉を耳にしますが潤滑とはなんでしょう？「力がかかって動いている二面間の摩擦，摩耗を減少し，損傷を防止するために，油などを供給すること」と定義されていました。過去形にしたのは潤滑という言葉が工業界でトライボロジーという言葉に変わってきたからです。

トライボロジーについては多くの方が説明されていますが，私は，目的は同じで，そのために設計，材料，潤滑剤，給油方法，給油量，廃油処理などの環境衛生問題，すべての角度から配意，対応する新しい学問と考えております。潤滑剤といってすぐ思い当たるのはエンジンオイルのような液体です。また本書で星野先生が説明されているグリースもよく知られていますが，私がご説明するのは固体潤滑剤です。

もっとも考えてみれば固体が潤滑剤として使われたのはそれほど新しいことでなく，珍しいことではありません。襖や障子の滑りが悪くなれば敷居にローソクを塗って動きをよくしたものです。ローソクは固体ですからこれも立派な固体潤滑剤でしょう。しかしローソクでは温度が少し上がれば溶けますから，機械用の固体潤滑剤としては使えません。

未知との遭遇

私は一九五六年から五七年にかけて二つの未知と遭遇しました。過去冬期オリンピックで金メダルを獲得した笠谷選手、その後、日本人として始めての宇宙飛行士毛利氏がその名を広めた北海道余市町鉱山の機械屋として勤務していたときであります。その未知との遭遇の第一は設備稼働状態を健全に保つ保全制度です。勤務先の住友金属鉱山が保全制度の導入を定め、日本能率協会の指導を受け、初歩とはいえとにかく保全制度の導入をスタートしたのでした。第二の未知との遭遇は二硫化モリブデンです。住友金属鉱山所有の岐阜県平瀬鉱山から世界に類を見ない高品位（二硫化モリブデン含有率九九・五重量%）の輝水鉛鉱（写真11に示す黒い鉱物。容易に薄片状にはがれ、非常に滑りやすく、四〇〇℃の高温に耐え、化学的に安定など多くの特色をもつ固体）を産出し、これを原料とした固体による潤滑技術は時代の先端をいく画期的なものとのことでした。

住友金属鉱山の各事業所の機械技術者は、この固体潤滑剤を試験採用し、その結果を本社に報告せよという至上命令がありました。

写真 11　輝水鉛鉱

製品としてはP（パウダ）、L（オイル）、G（グリース）、S（スプレー）の四種で、簡単な説明書が一枚だけありました。

保全制度を導入したばかりで、慣れないチェックリスト（機械の毎日の診断書）の作成などそれでなくても多忙な毎日であり、その上、鉱石で潤滑するなど非常識なことにかかわっている時間はありません。なんとかして効果無しとの報告をして、二硫化モリブデンの件から解放されたい気持ちでしたが、本社最高責任者の指示であり、いい加減な試験では余市鉱山の工作責任者に迷惑がかかります。

二硫化モリブデンの実用テスト

そこで、鉱山の重要機械である空気圧縮機二台のメーカー、製作時、仕様、運転条件などほとんど同じものを選び、まず通常の潤滑油を用いた場合の動力消費量を測定しました。電流計、電圧計、力率計を設置し細かい電力の変化を読み取り記録しました。予想どおり二台の電力量は測定の誤差範囲内の違いでありました。同時に主軸受（ホワイトメタル）の寸法、重量を細かく測定しました。準備の整った時点で、一台の潤滑油に二硫化モリブデンオイルを加え、電力量、主軸受の寸法、重量測定を行いました。結果は、誤差とはいえない明らかによい結果が得られました。

それだけでは効果が確かかどうかわからないというもっともな同僚の声も参考にして、これも鉱山の重要設備である巻上機のギヤボックスに試用しました。当時、鉱石巻き上げ機用ギヤボックスが頻繁にオーバヒートし、連続操業が不可能な状態でありました。油温測定はギヤケース外部に棒状温度計をパテで貼り付けた間接的なものでしたが、この機械メーカから、その温度が三〇℃を超えないよう指導されていました。鉱石の搬出の最も多い時間帯ではこの温度を超え、断続的な非効率運転を余儀なくされていました。このギヤボックスに圧縮機の場合と同じ二硫化モリブデンを高濃度に含有するオイルを通常の潤滑油に二・五重量%添加しました。その結果は、図24のとおりです。いまではなんの変哲も無いグラフですが、当時の私にとっては重大な結果でありました。一〇日間の平均値が一度も三〇℃を上回ることなく連続操業が可能となった、動かすことのできない事実であります。これはひょっとすると本物かもしれないという気持ちが強くな

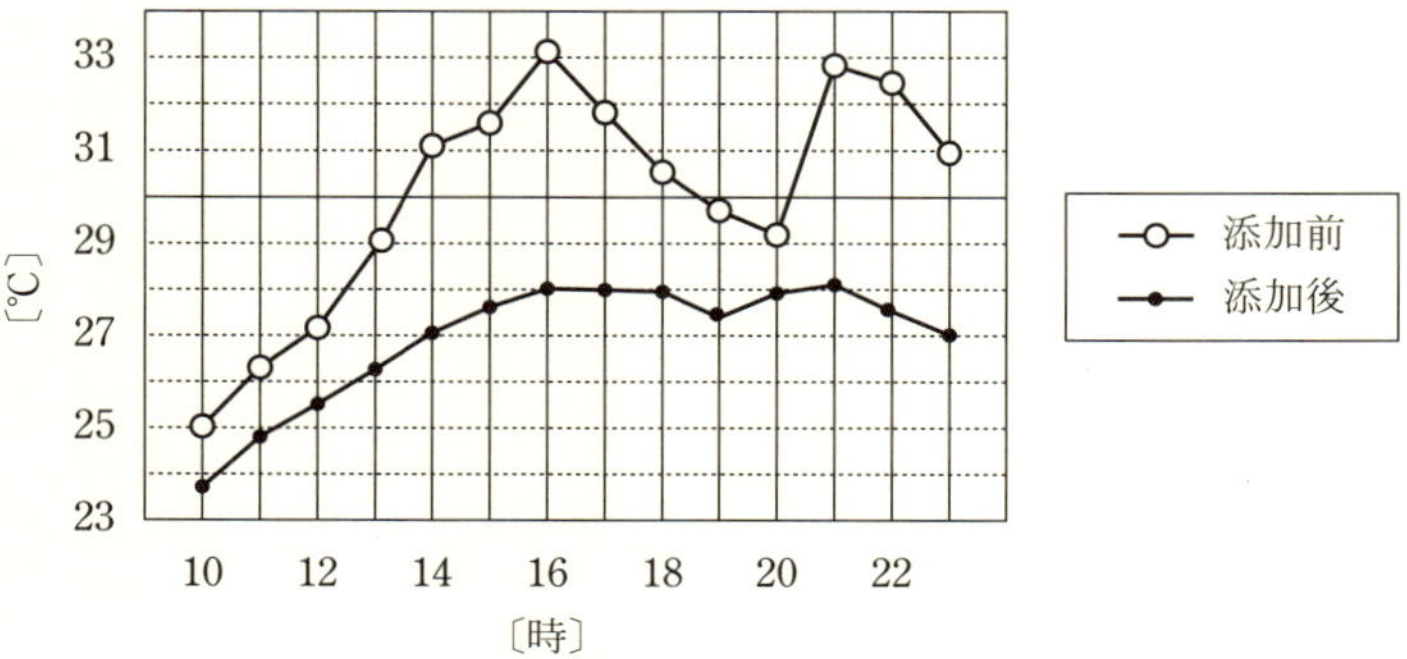

図 24　油温の変化（10 日間平均）

り始めました。その内、これは本物以外の何者でもないという事件が発生したのです。坑内湧水は酸性が強く場所によってはpH三以下であり、極端な場所では朝取り替えたパイプが夜には腐食して穴があくという例すら珍しくありませんでした。このため排水ポンプを、部品すべて特殊耐食ステンレススチールに切り替えました。これで腐食の問題は解決しましたが、もう一つ厄介なことがありました。それはポンプの分解清掃であります。坑内湧水は酸性が強いだけでなく、多くの土砂や坑木の切れ端が混入していました。小規模鉱山ですので、貯水池の容量を大きくして固体を沈殿させ、オーバフローのみを揚水するだけの大容量の貯水池をつくる場所がなく、ごみはフートバルブの荒い網で取る程度でした。このため網を潜り抜けた木片などが、羽根車に詰まって排水能力が低下するため、定期的な分解掃除が必要となります。

ところがオールステンレス材のためにかじりやすくポンプ主軸と羽根車軸受は固着しているので、坑内での分解は不可能でした。坑外に搬出、軸受をたがねで切取る分解作業が必要でありました。当然切り取った軸受を再製する必要が生じました。難削鋼を時代物の旋盤で削るのだから容易なことではありません。

さて問題はこれからであります。軸と軸受をかん合するキー溝の位置を正しく合わせ組み立てるのは最古参職長の腕であり、木槌で少しずつ打ち込むのですが、わずかでもずれると、かじりついて位置修正は不可能で再度切取りとなります。軸受を手で回して位置合せをすることは、到底あり得ませんでした。

皆の笑い者になりながら、二硫化モリブデンスプレーをかん合部に吹きつけて、黒光りするまで布で擦ってから動かしてみました。先ほどの嘲笑は感嘆に変わりました。なんと軸受を手で回すことができるのです。そのとき鳥肌が立ち背筋に冷たいものを覚えた感触はいまも忘れません。固体潤滑剤を生涯の業務とする運命はその瞬間に決まったといえます。狭い鉱山のこと、その魔法の薬の話はたちまちにして拡がりました。それからはオーバヒート対策、かん合部の脱着には各所でこの薬が用いられるようになりました。正確に二硫化モリブデンはおろか商品名をいう者もおらず、「魔法の薬持って来い」という声が飛び交うようになりました。

さらに北に転勤

余市から内地（本州）に転勤できるものと期待していたところ、一九五九年七月さらに北上してまさしく陸の孤島、鴻の舞金山に転勤を命じられました。鴻の舞金山はかつての義務教育で日本で最も産金量が多い鉱山として教えられたものです。この鴻の舞でも「魔法の薬」の効能を説き、少しずつファンも増加しました。ここでの固体潤滑剤を適用した大きな効果はつぎのとおりでありました。

坑内より鉱石搬出用の大動脈であるベルトコンベヤ用減速機の故障は全山休止の重大問題となります（写真12油浴式歯車）。短期間で歯面上の損傷と摩耗が進行し，操業停止の危険性大となるため，歯車を全部交換できるように，予備歯車を発注していたほどでした。予備歯車が納入されるまでは，なんとしても休止を避ける必要がありました。そこで二硫化モリブデン液状製品を添加してみました。同時に毎週公休日に点検，損傷の進行状態を石膏で型を取りチェックし，歯車の損傷防止について機械試験所（当時は井草，現産業技術総合研究所）の歯車の権威者仙波博士の技術指導を受けるために上京，受講，種々のご指導をいただきました。

写真12　油浴式歯車

この対策を実施以降，約一カ月で損傷が進行停止，特に引っ掻き摩耗は大幅に改善され，歯面上のバリが無くなり平滑となりました。騒音，振動は激減し，従来ギヤボックスの底に相当量検出されていた摩耗粉はほとんど認められなくなりました。約八年後，金鉱石の枯渇により鴻の舞鉱山が長い歴史に幕を下ろしましたが，遂に予備歯車は一度も使用されることはありませんでした。

減速機の歯車以外でも，金鉱石破砕，化学処理機械の発熱抑制，摩耗防止対策などに効果を発揮しましたが，いずれも，初期の二硫化モリブデンの採用目的の典型的なクレーム処理用でした。

住鉱潤滑剤に出向

一九六〇年初め当時「出向を命ず」という本が発売されていました。一言でいえば出向即主流派からの脱落、出向を命ぜられたものは肩を落として新職場に出向くという風潮がありました。しかし、私の場合は、二硫化モリブデン潤滑剤の製造販売を強化するという住友金属鉱山の経営方針の下、その効果を体験した技術者として選ばれたというプライドをもち一九六三年三月上京、胸を張って新しい業務に着きました。

しかし夢は無残に砕かれました。技術者で潤滑の重要性を否定する人はだれもいないでしょう。しかし「わけのわからない固体潤滑の話に耳を傾けるほど潤滑のことに関心は無い」、「確認に何年もかかり、果たして潤滑剤の効果であったかどうかわからないことにかかわっている暇は無い」、「似た条件での他社での使用実績、経済効果のしっかりしたデータでも見せていただいてから考えましょう」と取り付く島もありません。

偶然に二硫化モリブデンをご存知の方に出会うと、「かつて使用したことがあるが、なんら効果は認められなかった。二度と使う気は無い、本当に効果があるなら石油メジャーが製品群に入れる筈だ」といわれました。

しかし一筋の光明が見え始めたのは名神高速道路の開通と、熱心な販売店との遭遇からでありました。思いもかけなかった高速道路でのエンジンオーバヒート対策として二硫化モリブデン添加剤が有効であるとの実績が得られ、当時としては驚異的な一オーダ一万缶（２００mlのエンジンオイル添加剤）単位の注文を受けました。それまでは多くて一日一〇缶程度、簡単な夕食をとった私たちが荷づくりし翌朝郵便局から発送していた時代でした。

高速道路のあちこちで、未知の速度で走行による予想しなかった高速摩擦熱のため、冷却水温度が限界まで上昇、やむを得ず車を寄せて水温が下がるのを待っている状況を目の当たりにした名古屋の大手石油商が、黒いエンジンオイル添加剤を積んで説明販売しました。さらに高速の入り口で実情を説明販売しました。自動車エンジン各部、他しゅう動部の凹凸の凹部を摩擦係数の小さい二硫化モリブデンが埋めて荷重を受ける面積を大きくし、発熱を抑える効果の理論と実績は、特にベテランドライバに評価され口コミによって驚異的売り上げに繋がりました。

また当時自動車会社の多くの幹部が欧米の実態調査に出かけました。そこでわけのわからない黒いグリースを使っている。聞けば二硫化モリブデン潤滑剤という。帰国後、二硫化モリブデンの話を聞かせろと呼ばれるケースが多くなりました。さらに当時の住鉱潤滑剤中部社長は「潤滑の革命」、「百万人の潤滑剤・二硫化モリブデン」その他多くの小冊子を著し、冒頭で「二硫化モリブデンは決して万能ではありません」と正しい使用方法について啓蒙したことも好感され、徐々に浸透を始めました。
特に自動車用への適応が優先し、工業用はこれに追従する形となりました。自動車用であろうと工業用であろうと固体潤滑剤が期待する効果を発揮するかどうかは、適用の技術巧拙によって決まります。

例えば組み立て時、固体潤滑剤を高濃度（五〇重量%程度）に含有するペースト状製品を擦りこむ方法は、経済的な方法で自動車メーカーはじめ多くの分野で使用されています。この組み立て用潤滑とは、特に慣らし運転中の焼付防止を目的として表面凹凸の凸の部分を平滑にするのでなく、凹部を固体潤滑剤が埋めて平滑にするのです。この違いは、機械の長期精度維持とメンテナンスフリーが得られるかどうかの重大な別れ道であります。しかし、そのためにはごく少量のペーストをしっかり擦りこむ必要があります。

初期ペーストの容器に一枚のチラシを添付しました。内容は名刺一枚に米粒一つと塗布量の目安をイラストで示したものです（図25）。つぎに塗布方法ですが、歯ブラシで擦り込むことを薦めました、それも市販のブラシでは腰が弱いため一〇㎜に毛先を切り揃えたものを特注し顧客に配布しました。

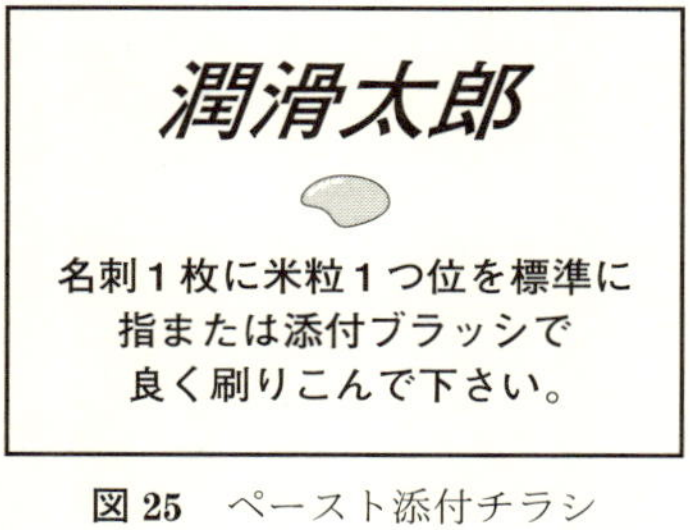
潤滑太郎
名刺１枚に米粒１つ位を標準に
指または添付ブラッシで
良く刷りこんで下さい。

図 25　ペースト添付チラシ

どの固体潤滑剤が一番古くから用いられたかは明らかでありません。外国文献（一九七七年米国潤滑学会誌）によると四〇〇〇年前にバビロニアの職人たちが固体潤滑剤といえるホウ砂を金の加工に用いたようだと述べられています。これに比べると黒鉛（グラファイト）をグリースに入れ高荷重用として用いたのは一九〇六年（明治三九年）と文献（Edward Goodrich Acheson, Vantage Press）に記されており、九〇年の実績があることを示しています。

二硫化モリブデン研究の歴史

一方、二硫化モリブデン研究の歴史は、一九二七年に米国において二硫化モリブデンを固体潤滑剤として使用する特許が出願された時から始まりました。一九四〇年には米国物理学会誌に二硫化モリブデンの優れた潤滑性原理、真空下の潤滑特性を紹介する記事が掲載されています。第二次世界大戦後期には、ドイツマックスプラン研究所が軍事目的で製品開発、米国NACA（NASAの前身）が爆撃機B29用開発で用い、大戦終結直後から米国では宇宙開発目的に検討を始めています。一九四七年には二硫化モリブデン入りグリースが開発されました。

日本では少し遅れて、一九五〇年代にドイツ製品の販売権を日本の商社（三菱商事、大東商事（現大東潤滑））が獲得し、さらに本章の最初に紹介しましたように、一九五七年に住友金属鉱山が製造販売を開始（六二年より英国ローコル社と技術提携、現住鉱潤滑剤）、さらに日本モリブデン（現ダイゾーニチモリ事業部）、川邑研究所などがつぎつぎと製造販売を開始しました。その後、多くのメーカーが製造販売に参入し今日に至っています。

学術の面では、一九七六年に日本潤滑学会（現日本トライボロジー学会）の固体潤滑剤研究会が発足しました。その後、世界各国の研究会と交流しおたがいの研究成果を報告し、実用効果、さらに今後の研究方向採用についての議論が活発に行われています。

使用実例

ある日、わが国の代表的な製菓メーカーから、チョコレート原料ミキサ軸受が発熱するために、二日に一度のグリースの充てんが必要、なんとかならないかとの電話を受けました。訪問する技術者によく現場を観るようにと話しました（私はつねに現場は見物の見で見るのでなく、観察の観で観るようにと教育していました）。ところが帰社した技術者の顔が冴えません。聞いてみるとチョコレートの製造方法に外国のノウハウが採用されており、部外者はもちろん、社内でも現場に入れる者は限定されているとのことで観ることはおろか、見ることもできなかったとのことです。

しかし彼は一生懸命状況を聞いて、無滴点（高温でも溶けない）グリースに二硫化モリブデン三重量％添加製品を推薦しました。製菓工場では生産コスト低減を期待し、すぐこのグリースの試用を行いました。しばらくしてから再び電話を受けました。内容は「再度お出でいただけないか」との要請でありました。前回と同じ技術者が出かけました。その結果は彼が持ちきれないほど抱えて来たチョコレートが証明していました。まず彼が驚いたのは、前回あれほどかたくなに現場に入ることを拒否したのに、着くやいなやその場所に案内されたことであります。［潤滑医学読本］なる社員教育資料の中にユーザーである患者は医者すなわち君たちを観察している、信頼されない限り真実は語られないと述べています。一回目に薦めたグリースを使用した結果、グリースの軟化流出問題が解決しただけでなく、充てん期間は二日から二カ月と三〇倍に延長されたのです。すなわち彼は名医と評価され現場に案内されたわけです。

つぎに、注意すべき実例を挙げます。先に述べましたようにペーストを塗るにもコツがあります。それはまずその量です。走り始めたばかりの東名高速バスのフィルタに、黒い二硫化モリブデンらしき物が詰まったとのことで分解に立ち会いました。正しく二硫化モリブデンでありました。潤滑剤を微量摺りこむなどの習慣がなかったため同封チラシを信用せず、エンジンの各部にグリースのように、多量の二硫化モリブデンをベタベタと塗布したものがエンジンオイルによって流されたものです。きれいに洗浄して私自ら処理しました。量は約一重量％と立会人が驚くほどの少量で問題は解決し、バスの組み立て用潤滑剤としての効果を発揮しました。塗布量、塗布方法のほかに

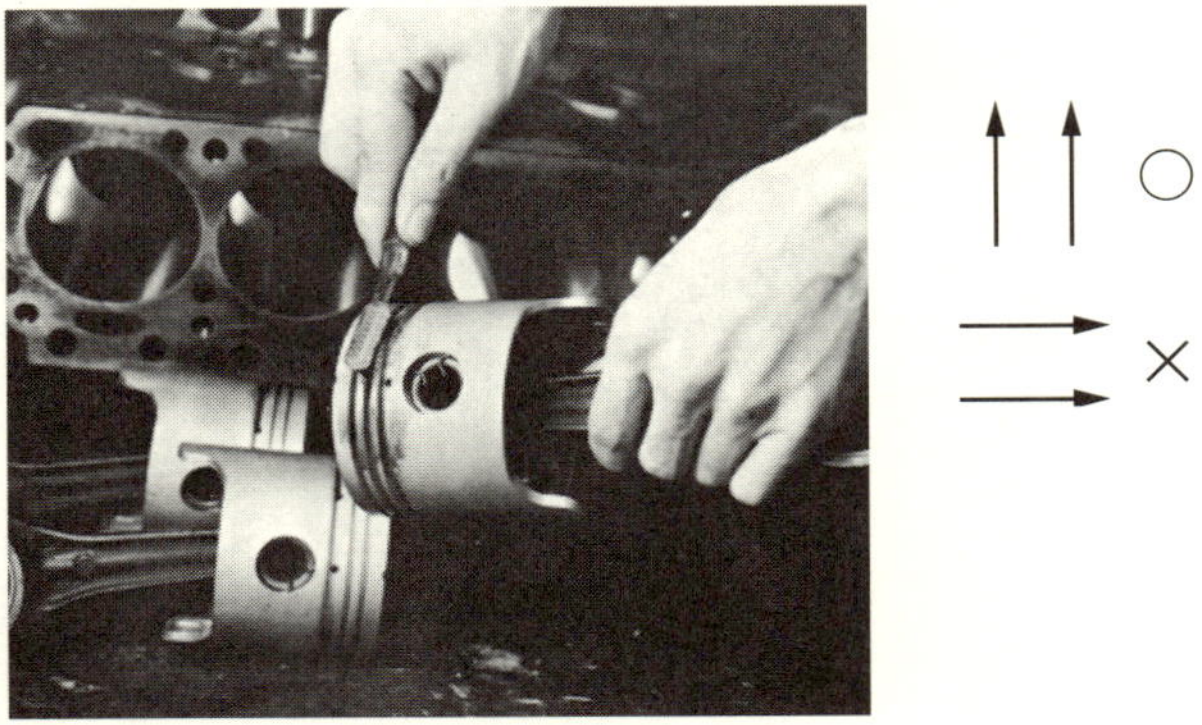

写真 13　ピストン塗布方法（運動方向に直角）

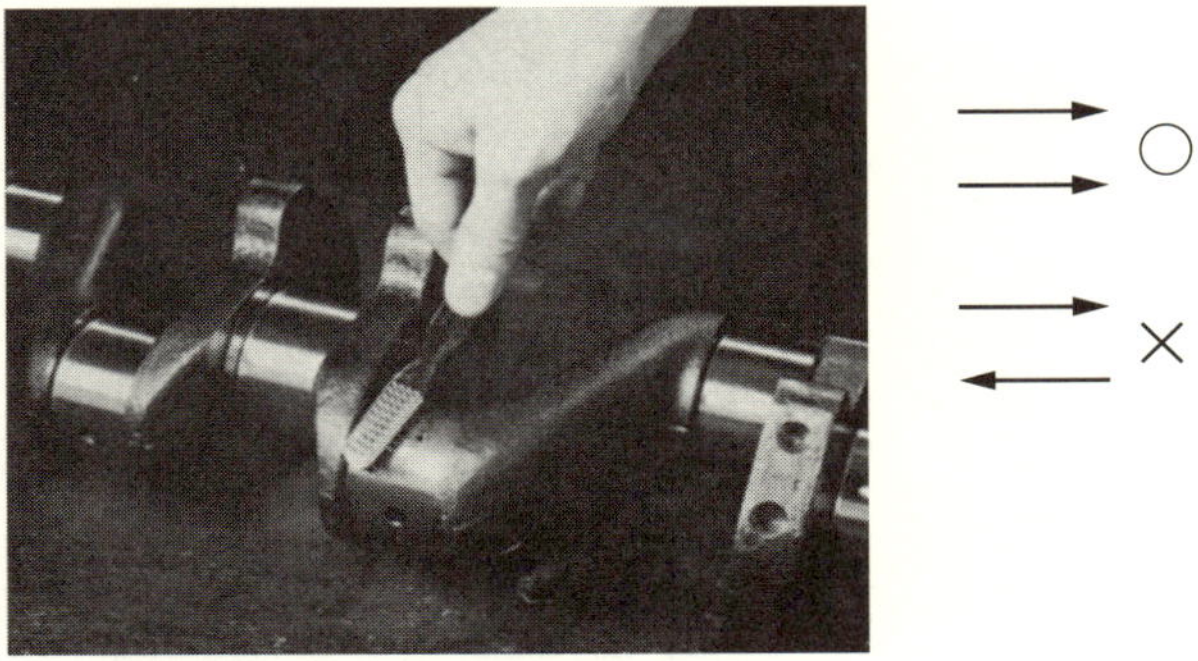

写真 14　平軸受塗布方法（一方向に）

も塗布方向にも気を遣う必要があります。

例えば自動車のピストンにペーストを塗る場合、運動方向と平行ではなく、直角方向とすることにより塗りムラによる損傷を防止します。軸受の場合は両方向でなく一方向に塗布することにより滑りやすい状態にします（写真13、14）。多くの人は本当にそのような配慮に意味があるかと疑問を持つと思いますが、その答えはつぎの結果に表されています。

じつは読者の皆さんは固体潤滑剤の愛用者です

突然ですが皆さんは長期間、固体潤滑剤を利用されているのです。どのご家庭でもガス器具のコックに二硫化モリブデングリースを使っております。その場合、単に塗布する場合（写真15）と擦り込む場合（写真16）では大きな潤滑性の差があります。実用面でも長く使っていると重くなるという問題が、擦り込むことによりまったく解決しました（図26）。適用の技術がいかに大切か示しております。以下に述べる二硫化モリブデン潤滑剤採用の留意事項は、実用技術に重要なポイントを示唆しています。

①採用目的とその経済効果を十分に把握していないため、経費節減対策として固体潤滑剤を安価な潤滑剤に返そうとする安易な考え方では目的は果たせません。

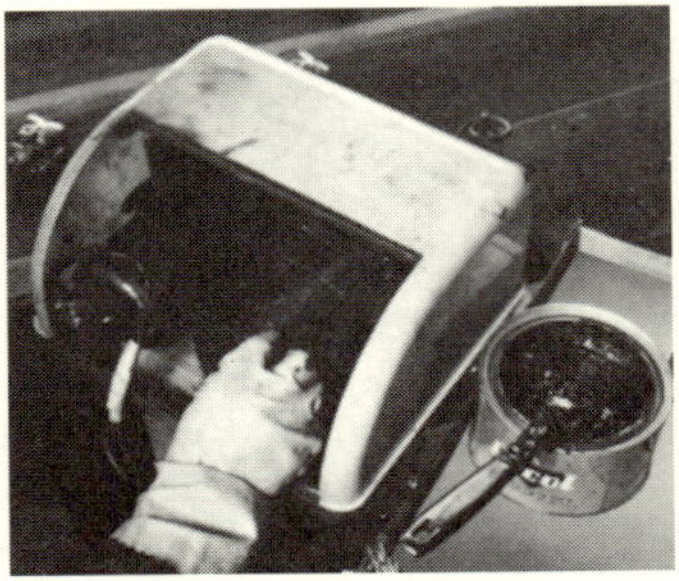

写真 16　ガスコックに潤滑剤擦り込み　5 mg

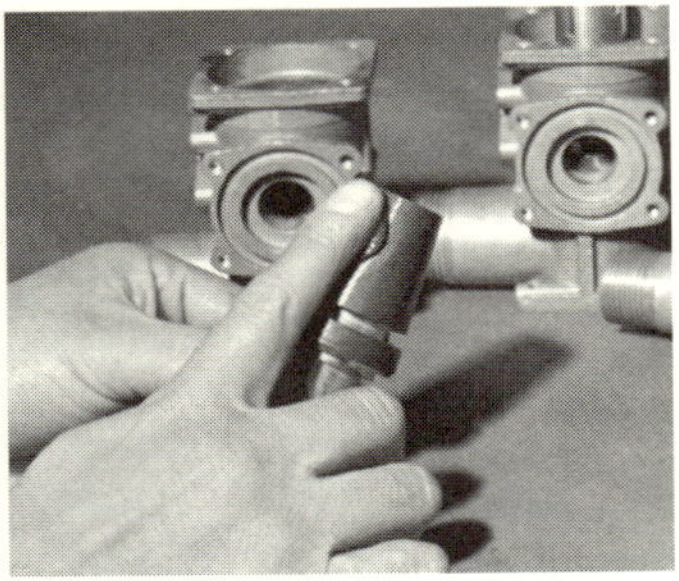

写真 15　ガスコックに潤滑剤塗布　5 mg

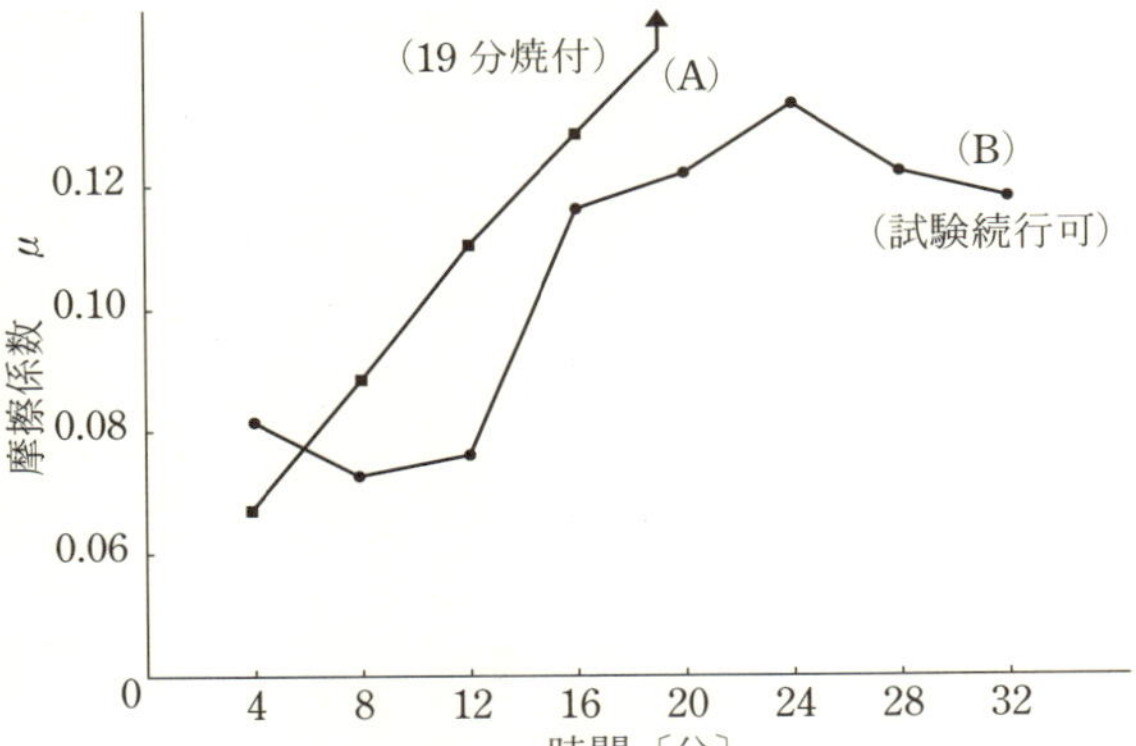

図 26　塗布方法による潤滑性の違い

②桜井先生（日本潤滑学会一六～一八期会長）は、二硫化モリブデンの液状分散に関し「潤滑油に分散させることと摩擦面に吸着させることは相反する現象である。したがって保存中は安定な分散系をつくっていて、いざ使用時に比較的安定なコロイド系が壊れることが望ましい。しかし、このことは熱力学的に不安定なコロイド系を適当にコントロールすることで実際には難しい問題である」と述べておられています。ご指摘は液状製品にとっては重要な点であり、完全分散しておれば効くという単純な問題ではありません。二硫化モリブデン液状製品の研究で強力な分散剤を使用した試験結果が発表されていますが、分散剤の選定により効果は大きく異なります。

③曽田先生（日本潤滑学会一三～一五期会長）から二硫化モリブデンのことを「自己消耗型潤滑剤であり、補給の方法がその効果を左右する」とご指導いただいたことがあります。適切な使い方をメーカー、ユーザーともによく考えて製品選定、補給方法を考慮すべきです。

④トライボロジストのバイブルとされている木村先生（日本トライボロジー学会四一～四二期会長）と岡部先生（日本トライボロジー学会三九～四〇期会長）共著の「トライボロジー概論」の中で固体潤滑剤の真髄に触れる注意を喚起されています。固体潤滑剤には足がないこと、すなわち油のように潤滑を必要とする所にたどり着けない、そのためいかにして潤滑膜を形成させるか、さらにその補充する方法、適用の技術のいかんによって、実用上の特性は著しく異なる事があると述べられています。

もし固体潤滑剤と遭遇していなかったら

もし私が固体潤滑剤と遭遇してなければ、すでに鉱山の機械技術者としての任務を終了し、その経験と技術を生かした第二の人生が与えられたとしてもそれも終わっていたでしょう。それが現在も固体潤滑剤の研究に従事していられることで、特に感謝していることはつぎのとおりです。第一に、潤滑の世界的権威者の先生（外国研究者含め）、固体潤滑研究会の歴代の主査をはじめ多くの研究者に親しくご指導をいただき、顧客にはユニークな使用方法など教えていただく機会に恵まれたこと。第二に、各国のあらゆる産業の潤滑担当者、特に給油を業としておられた方の苦労話、そこから生まれたスキルに感動できたこと。第三に、自らがその効果を実体験し、保全の隘路《あいろ》を度々排除してくれた新しい材料を生涯の仕事として楽しく没頭していること。特に保全時代に挫折しそうになったトラブル解決の経験が有効に活かされていること。入社したとき考えもしなかった、新しい材料の出現により人生が大きく、しかもよい方向にスライドしたことに感謝し、この項を終えます。

6 自動車から圧延機まで油屋の苦しみと喜び

配属先の先輩に、グリースの担当となって不幸だといわれた著者が、その後四〇年のグリース研究・開発の仕事での苦しみと喜びの体験を通して、グリースのむずかしさと面白さを若きエンジニアに熱く語る。

星野道男自画像

星野　道男　一九三三年秋田県生まれ。六〇年東北大学工学研究科修士課程卒業。三菱石油㈱研究部門入社。グリース、駆動系潤滑油の研究に従事。九三年石油製品研究所長を最後に退社。九七年まで八戸高専物質工学科教授。現在、ISO TC28/SC 1&4石油製品国内委員会委員長。工学博士。元日本トライボロジー学会副会長。研究分野はグリースのレオロジーと潤滑特性。湿式摩擦材の潤滑。趣味は木版画と家庭菜園。

油屋はなにをする人か？

この本の角田さん、佐藤さん、笠原さんのお話は、軸受やエンジンなど機械で、手で触ることができるし、動いているところをみればその機械がなにをしているかわかります。これに対して渕上さんと私のお話は、このような機械がスムーズに動くように使う潤滑剤に関するものです。渕上さんは「固体潤滑剤」ですから粉の状態ですと手で触って触感を確かめることもできます。私のお話しようとする「潤滑油」は液体ですから、油をここに出してみろといわれても、缶のままかせいぜい透明なビーカにあけてご覧いただく以外ありません。機械の中で働いているところも見えません。

一生懸命機械屋さんに協力しても、「悪いのは油だから油屋になんとかさせろ」といわれ続けて四〇年を過ごしてきました。しかしたまには、本当にたまにはですが「油屋のせいで助かった」といわれたこともあります。ここではこのような苦しみと喜びの体験をとおして油屋の仕事、特に生涯とおして担当したグリースの仕事をお話しようと思います。

油屋の昔からの地位

図27は，エジプト時代に大きな石像を運ぶのに，橇《そり》のような運搬具（日本では修羅《しゅら》ということもあります）の上に載せて大勢の奴隷が曳いているところです。橇の手前に，甕《かめ》から油のようなものを注いで地面と橇が滑りやすいようにしている，すなわち潤滑をしているのが見えます。その脇を天秤で甕を運んでいるのが油屋で，補修材を担いで従っているのが軸受屋だといわれています。この人たちは，私たち油屋や軸受屋のご先祖さまということができます。エジプト時代にはこのような絵を描くとき，地位の高い人ほど大きく描く癖がありましたから，油屋と軸受屋の地位は昔から奴隷なみに低かったようです。

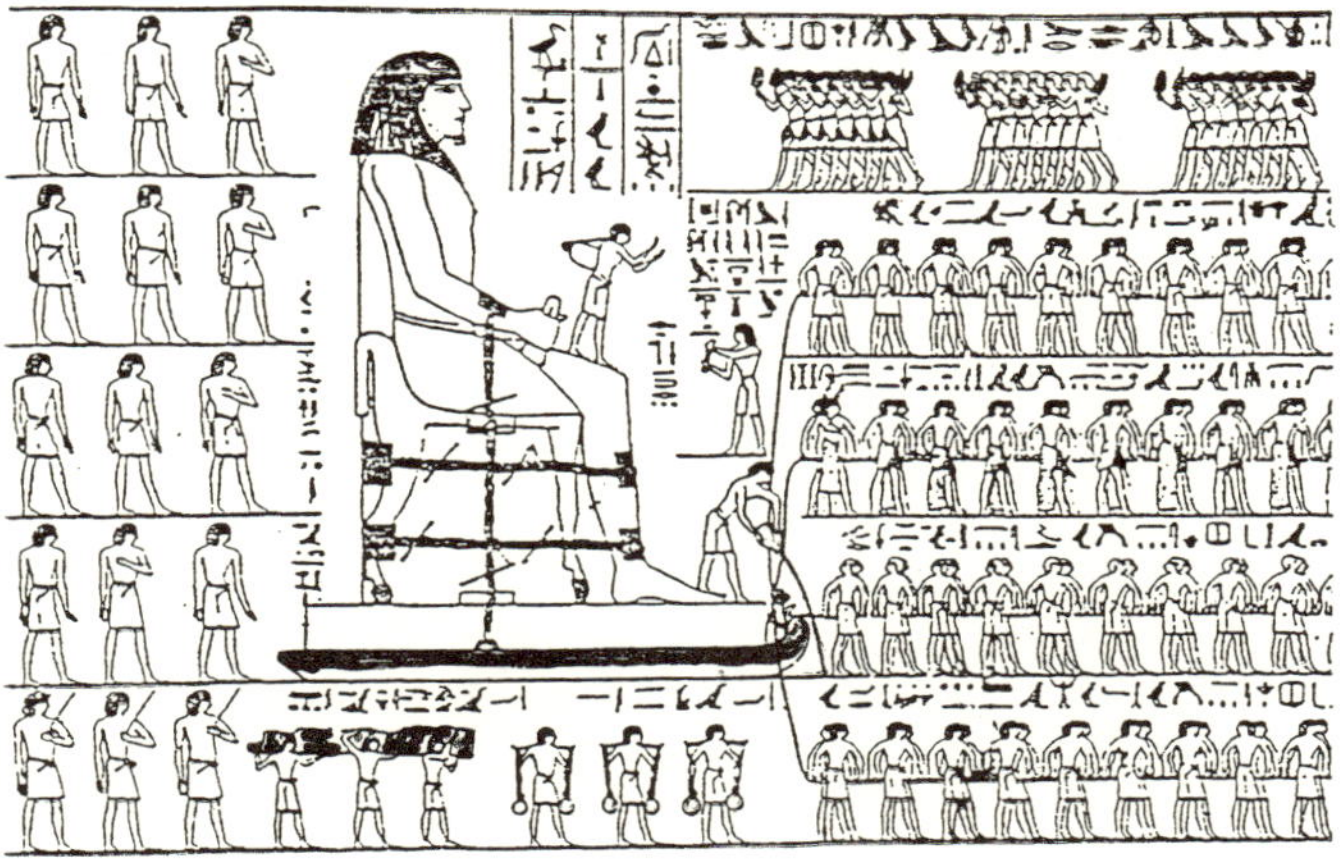

図 27　昔からの油屋の地位

いまの油屋はなにをしているか？

要するに油を売って生活しているのですが，私のいたようないわゆる「石油元売」会社では，精油所で原油を精製して潤滑油の原料になる「基油」をつくって，研究所で目的にあった性能になるように添加剤などの配合を決め，またその配合に従って精油所で混ぜて「潤滑油製品」をつくって市場に出します（図28）。前に述べたように機械の中に入って働くものですから，相手の機械によっていろいろな種類があり，いろいろな使い方があります。

例えば圧延機用の油ですと，「圧延油」「軸受油」「ギヤ油」などありますが，製鉄所の圧延工場の地下のピットという所に一〇〇klほどの大きなタンクに入れられていて循環使用されています。油の担当者にしてみれば，自分の油が入っている圧延機は国内国外を問わず，一〇本の指で数えられる程度で，それなりにその機械の油の経歴や現状が頭に入っています。その機械の潤滑に不具合が起こる

図 28　圧延機から自動車まで

と「星野を呼べ！」と指名手配となり，押っ取り刀で駆けつけることになります。

それに対して自動車用では，入っている油の量は数リッターですが，同じ車が何十万台も販売されますから，とてもその一つ一つの車の状況を意識することはできません。目の前をスーッと通り過ぎる車に「アノー，油は定期的に取り替えていただいているでしょうか」などと問いかけても相手にされません。その代わり油の不具合のために，運転している人から路上で難詰されることもありません。だいたいそこにいる私が，その油をつくった張本人だなどとは知る由もないでしょう。

石油会社の中でのグリース担当

研究部門の潤滑油グループに配属になってお前の担当はグリースだといわれました。量からいって潤滑油製品は石油製品全体の一%，さらにグリースとなると〇・〇三%になります（図29）。私の前任者は「君は運が悪い」といいましたが，極貧のうちに学業を終えた私は，会社の食堂で毎回食事にありつけ，毎月いままでの育英会の奨学金の何倍ものお給料をいただいて，何の不足もない思いで

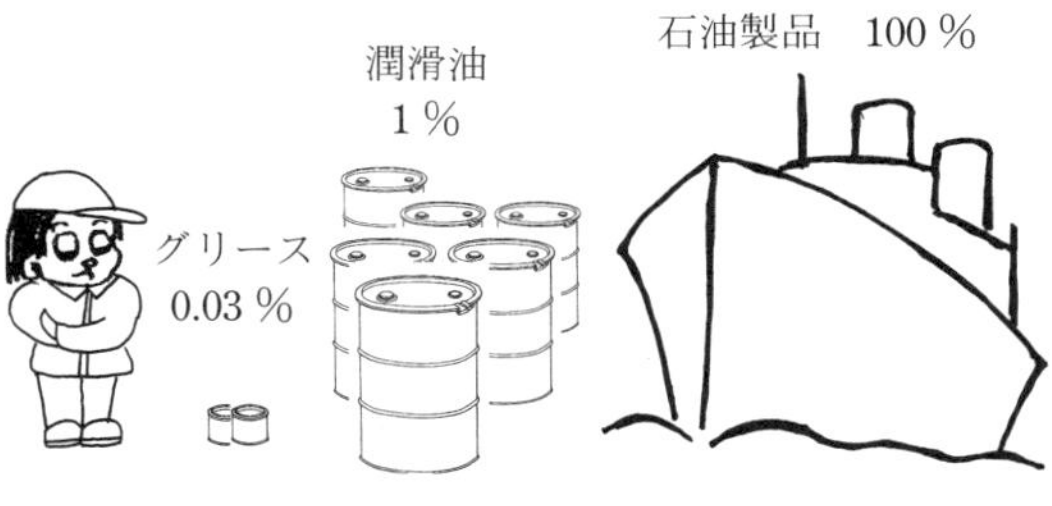

図 29　石油会社でのグリース担当

した。

二〇〇〇人あまりの会社ですから、割合からいうと一人でも多すぎます。それで研究所の担当はずっと一人で、定年近くなって石油製品一〇〇%をカバーする「石油製品研究所長」にしてもらったときも「研究所のグリース担当は所長で十分」といわれました。グリースで不具合が起こってお客さんのところに参上するのも一人、おかげで各方面の機械屋さんの知己を得ることができ、いろいろの体験をさせていただきました。学会に論文を出すのも自分だけの単名、その論文賞をいただいたのも単名でした。私のように一人ぽっちの仕事で、失敗続きではサクセス・ストーリーになるかと危惧しましたが、たまたま私のような境遇に陥るかもしれない若い人たちの参考にもなるかと、失敗も包み隠さず申し上げる次第です。

グリースとの出会い——付着性

さて、グリースの担当といわれて机に座ると、早速販売部門から電話が入って「スキー場のリフトのロープからグリースがはね飛んで、お客さんの着ているものを汚して大変なクレームになっている。『付着性』をすぐ改良しろ!」ということでした。「付着性」といってもどうやって評価したらよいだろう? 親切な、というよりおせっかいな先輩がいて、専業のグリースメーカーに聞いてくれたところ，「鉄板にグリースを塗って裏から金槌で叩く，飛ばずに残るものほど付着性がよい」ということでした。着任早々であり，いうことを聞かねばなるまいと，同室のさび止め油の担当からもらった「規定の鋼鈑」にグリースを塗って金槌を振り下ろすのですが，物凄い音が研究所内に響き渡るわりにはたいして飛んでくれません。馬鹿らしい上に腹が立ってきて思わず力が入り，初めの頃とは結果がずれてきます。

遅くなってだれも居なくなった部屋に座り込んでいると，大学四年の卒業研究を思い出しました。「回転円筒による気泡の微細化」というものですが，理論付けができないかと，「回転円板による液滴の微細化」をやっていた機械系の棚沢先生の所に相談に行ったりしました。金槌による衝撃は加速度ですが，「一定の」加速度は「一定速度」で回転する円筒の側面で得られます。加速度は回転数の2乗に比例するのでその範囲は広く取れます。そこで同室の先輩の糸巻きスピンドル油の試験機を使って実験を始めました（図30）。

グリースをつくるには潤滑油に使う「基油」に金属石けんなどの固体を細かく分散して半固体状に練り上げますが，グリースの性能はつねにこの基油からのずれが問題になります。そこでまず基油について横軸に

図 30　遠心力の加速度

加速度として重力の加速度、縦軸に単位面積当たりの残留付着量を取りますと、図31①のように傾いた点線の直線になります。グリースの場合はある加速度までは飛ばず、L－1、L－2、L－3と軟らかい順に飛び始めます。その傾斜は基油の場合よりきつくなっていて、基油の直線とグリースの実線との間隔がグリースにしたため付着性がよくなったということができます。

この方法のよい点は付着性を加速度との関係で示せることで、高速回転で問題になる場合は、粘度の高い基油を使い、図31①の右側を持ち上げてやり、回転の低い、極端には垂直の壁への付着などを問題にする場合は、配合する金属石けんを多くして、L－1からL－2さらにL－3と硬いグリースにしてやるとよいということがわかります。

さて、このグリースというものは「練れば練るほど軟らかくなる」性質があって、図31②のように横軸に流速をすきまで割ったせん断速度（流れの厳しさ）を取ると、粘度はせん断速度が増すと急速に下がって、結局点線で示したこのグリースをつくるのに使った基油の線に近づきます。せん断速度の小さい所では、L－1、L－2、L－3と硬くなる順に粘度の高い方に移ります。①と②はよく似ているので、②を③のように傾け、しかるべき所を切り取り③→④、拡大して④→⑤、①に重ねますと付着性の実測（実線）にグリースの流動性（点線）がよく合います。グリースの流動曲線を表す実験式から付着性を表す式も誘導できます。このグリースの流動方程式と配合や製造方法との関係は私の研究でわかっていますから、目的の条件で適当な付着性を持つグリースを選んだ

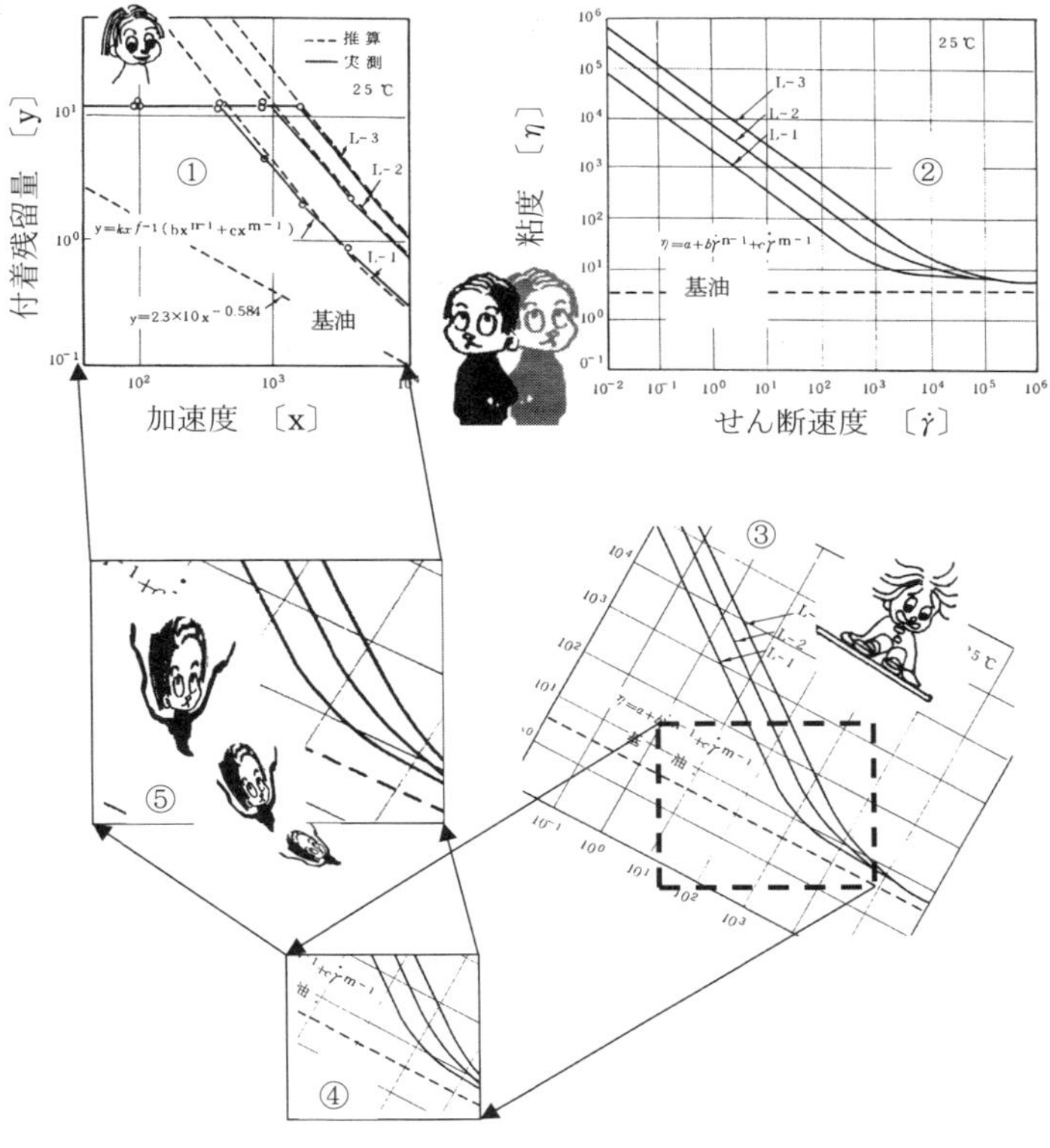

図 31　付着性と流動性の重ね合わせ

り改良したりすることができます。付着性はグリースの性能のほんの一部ですが、最初に取り組んだ仕事なのでお話しました。

変なグリースの正体は？

ここまでくると、グリースは潤滑油などに比べてとにかく変わっている、その正体を見たいということになります。電子顕微鏡で見ますと図32のようにうねうねした紐が絡み合ってのた打ち回っているようです。見えているのは前にお話した油の中に分散させた金属石けんです。このうねうねが絡み合ったり解けたりしてグリースの変な挙動を引き起こしているのです。私は暗室の中で初め

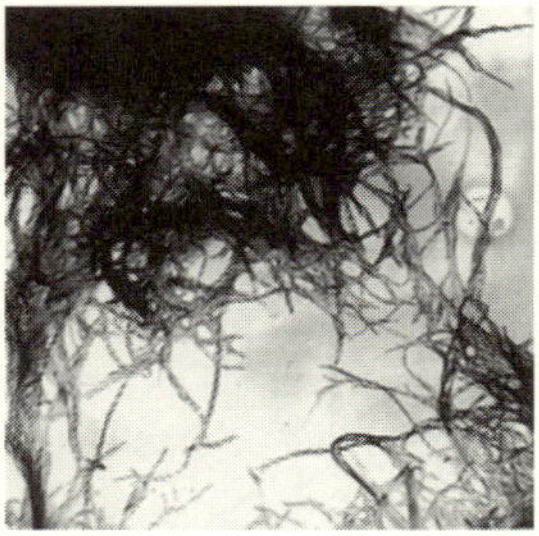

電子顕微鏡で見たグリース

ギリシャ神話の女妖怪
メデューサ

グリース研究会記念号の
表紙

図 32　グリースの正体

てこのうねうねを見たとき、髪が蛇に変えられてしまったギリシャ神話の女の妖怪メデューサを思い起こしてぞっとしました。グリースの変な挙動はこの妖怪の仕業だったのです。日本トライボロジー学会のグリース研究会の三〇周年記念号の表紙に木版画を頼まれましたが、お祝いの記念に妖怪というのはどうかと、女神の豊な髪がうねって軸受に巻き込まれて潤滑するさまを表現しましたが、いかがでしょうか。

虎の皮か不死鳥か？

圧延工場の二〇トン近くの重さの数百度になっているホットコイルというものを載せて運ぶ台車の軸受は、三〇〇℃にもなるのでもつグリースがない。軸受を貸してやるからやってみろ！　という要求。届いた軸受は一人で持ち上がらないほどなにしろ重い。なにも本物の軸受でやらなくともと思いましたが、販売の者は軸受でやれといったら軸受でやらなければ収まらないのがお客さんだ。なんとしてでもやれ！　ということでちょうど軸受が収まるような電気炉が倉庫にあるのを引きずり出して、焼芋屋のような実験を始めました。

この種のグリースには二つの考えがありまして、一つには、もし本当にこの温度に遭遇したらとてもグリースのままではいられないから、大部分の成分は潔く分解蒸発してさらさらの潤滑性のある粉を残す、いわゆる「自己犠牲型」といわれるものです。虎は死して皮を残すというわけです。もう一つは、あくまで高熱の中を耐え忍んで不死鳥のごとく蘇るタイプです。試行錯誤を重ねて到達した双方の最終候補を焼芋屋の装置にかけてみますと、いくら虎でも皮は皮でやはり生身の生き残りのほうがよい感じでした。お客さんに実験後の軸受を送り返すと不死鳥のほうがよいといいます。その頃「フェニックス」という商品が他の会社にありましたので、ちょっとダサイですが「超高温グリース」（図33）として商品化しました。

そのうち、静電塗装した自動車用の鋼鈑を熱風炉で乾燥するのに、吊り下げ部の軸受からグリースが溶けて鋼鈑の上に垂れるので困るという相談が寄せられました。さっそくこの「超高温グリース」に代えたところ、グリースの垂れはすっかりなくなり、表彰状までいただきました。自動車のような高価な買い物をしたお客さんは、届いた商品をためつすがめつ眺めるらしく、生産工場でも見逃していた塗装面のわずかの塗料のはじき

図 33　超高温グリース

痕がクレームになりました。使っていた基油が特別表面張力が低く、目には見えないくらいレールの上に滲み出し、細かいごみと一緒に鋼鈑の上に落ちて塗料をはじいたのでした。この場合は三〇〇℃にはならないというので基油を変更し解決しましたが、今度は補償金を支払う羽目になりました。まさに毀誉褒貶《きよほうへん》相半ばするといった状態で、技術というものはこのようにして進歩していくものでしょう。

鳴かせの名人

今度はグリースでなく油の話をします。自然界では、置いてある物がわずかの力で勝手に動き回っても危ないし、必要あって動かすときは楽に動くよう、創造主の神さまによって静摩擦係数は動摩擦係数よりも大きくなるよう配慮されています。その結果、物を動かすとき力が静摩擦係数を超えて動き出すと、力が解放されて止まろうとします。するとまた静摩擦係数を超える力が溜まるのを待って動き出しますから、ギシギシ振動を起こします。これは機械にはよくないですから、止めなければなりません。油屋としてはまことに恐れ多いけれども、創造主にはお目こぼし願って、添加剤で摩擦係数を逆転して、静摩擦係数を動摩擦係数より小さくして、摩擦振動を防止します。この配合決定はかなりの力仕事になりますが、成功すると悪魔の仕業といえるほど効き目があります。これにはフリクション・モディファイヤという油に溶ける界面活性剤を使いますが、全体の摩擦係数が下がってしまうとブレーキやクラッチではもとも子もありませんので、複数の添加剤の組み合わせが肝心です。いろいろやっているうちに、理屈などわからないうちにできてしまうというのが正直なところでしょうか。

夏の暑い日々、苦労を重ねてつくり上げた候補油をトラクタ・メーカーに持ち込みました。ところがそこには「鳴かせの名人」がいて、この人が乗ってどうしても機械が鳴かないとき、現行他社品に代わって採用になるのです（図34）。名人は嗜虐《しぎゃく》的《てき》笑みを浮かべてトラクタに乗り込みましたが、鳴きません。名人は機嫌がよくありませんが、こちらはこの仕事のために延び延びになっていた家族との旅行に行けるかと里心がつのります。先方の責任者はめったにないことにお昼でも食べていってくださいといい出しました。虫の知らせで私は失礼しようとしましたが、同行した販売の者がせっかくだからと目配せするのでいただいているうちに驟雨《しゅうう》沛然《はいぜん》、辺りは冷気に包まれました。いいお湿りだなどとごまかして早々に

図 34　鳴かせの名人

退出しようとしているところに、名人がどこともなく現れて「念のため」もう一度やらしてくれと乗ったところ、こちらが鳴きたくなるほど鳴きます。すっかり上機嫌になった名人に送られて、相撲に負けたときの高見盛よろしく悄然《しょうぜん》として帰路につきました。

夏休みどころか秋も深まるまで捲土重来を期して刻苦勉励し、なんとか低温領域までご摂理を枉《ま》げていただき、摩擦特性の逆転を進めて改良品の納入を果たした次第です。考えてみますと、鳴かせの名人は意地悪のようですが、このような人が居ないと油屋は「鳴き止ませの名人」になれないとしみじみ思います。

グリースは研究の対象になるか？

前に社内のグリースの先任者から「グリースの担当になって君は不幸だ！」といわれたと申し上げましたが、やっと生活の安定を得た私は現状に満足して特に不幸とは感じなかったのでした。幸い担当一人でうるさいことをいう人もなく、せっかく研究所にいるのだから、こっそり勉強して業務にかかわる実験でもよい結果が出たら論文にまとめて世に問い、ゆくゆくは学位でも取れないものかと思うようになりました。

一九七〇年頃は、レオロジーという分野がちょっとしたはやりで、主として高分子の物性が対象になっていたのですが、東大の神戸博太郎先生が高分子以外のいろいろの対象、例えば羊羹や蒲鉾、目のレンズや血液といった分野の研究者を集めて「レオロジー研究会」というものを立ち上げておられました。会社の許可を得てこれに出席させてもらったら、皆さんのそれぞれのお話がおもしろく感得致しました。

その後の体験からもいえることですが、他の分野の、できれば理論的な話を聞くということはきわめて教訓的で自分の可能性を開くものです。若い人を研究会や講習会に出して、何を聴いてきたのかと問えば、同業他社の自分で担当している分野の話が役に立った。そのほかの分は関係ないので帰ってきた、というのです。せっかくの機会なのに残念なことです。

ところで、この研究会に出て話を聴けば聴くほど、グリースはレオロジー的だと思うようになりました。神戸先生に申し上げると、「グリースはきわめてレオロジー的な物質ではあるが、レオロジーの研究対象としてはきわめて適当でない」というご宣託でした。これは、グリースはあとで述べるように、容器から試料台の上に移しただけで硬さが変化し、測定すれば測定中も変化し続け、測定を止めるといつの間にかもとへ戻っている、普遍的な結果を必要とする科学的研究には向かない、というのです。私もまったくそのとおりと思いましたが、グリース潤滑はこのグリースの不確定さを利用した潤滑法なのです。それに私は会社ではグリースの担当であってレオロジーの担当ではありません。なにかの因縁で伴侶となったこの、きわめてレオロジー的なグリースが研究対象としてきわめて適当でなくとも、仕事の対象としてあくまでつき合っていくことにしました。

レオロジーでグリースをつかみ取る

グリースは止まっている軸受などにくっついているときは結構硬くて流れ出るようなことはありませんが、軸受が回転してせん断を受けると、どんどん軟らかくなって、結局基油の状態で潤滑に預かることになります。見ていてもこれはよくわかるのですが、これを数値で捉えるために回転粘度計を設計製作し前に図31②に示したような「流動曲線」を得ました。これを使って「付着性」を評価できました。結構役に立つのでないかということで、なにかグリースの性能を試験するごとに「流動曲線」を測定して対比し、摩訶不思議なグリースの挙動の解明に努めました。

曲線を眺めているだけでは「感じ」しか語れませんので、この曲線を表す実験式を図35のように求めてみました。この図で縦軸は見かけ粘度、横軸は図31②で説明したように、流速をすきまで割ったせん断速度という、いわば流れの厳しさを示すものです。図35は温度が変わったときの流動曲線の変化を示しています。温度が変わると基油の粘度が変わりますから、それに連れて流動曲線がずれていくのです。

さて、図35は測定を始めてグリースの粘度値がほぼ安定した、いわゆる「平衡状態」での流動曲

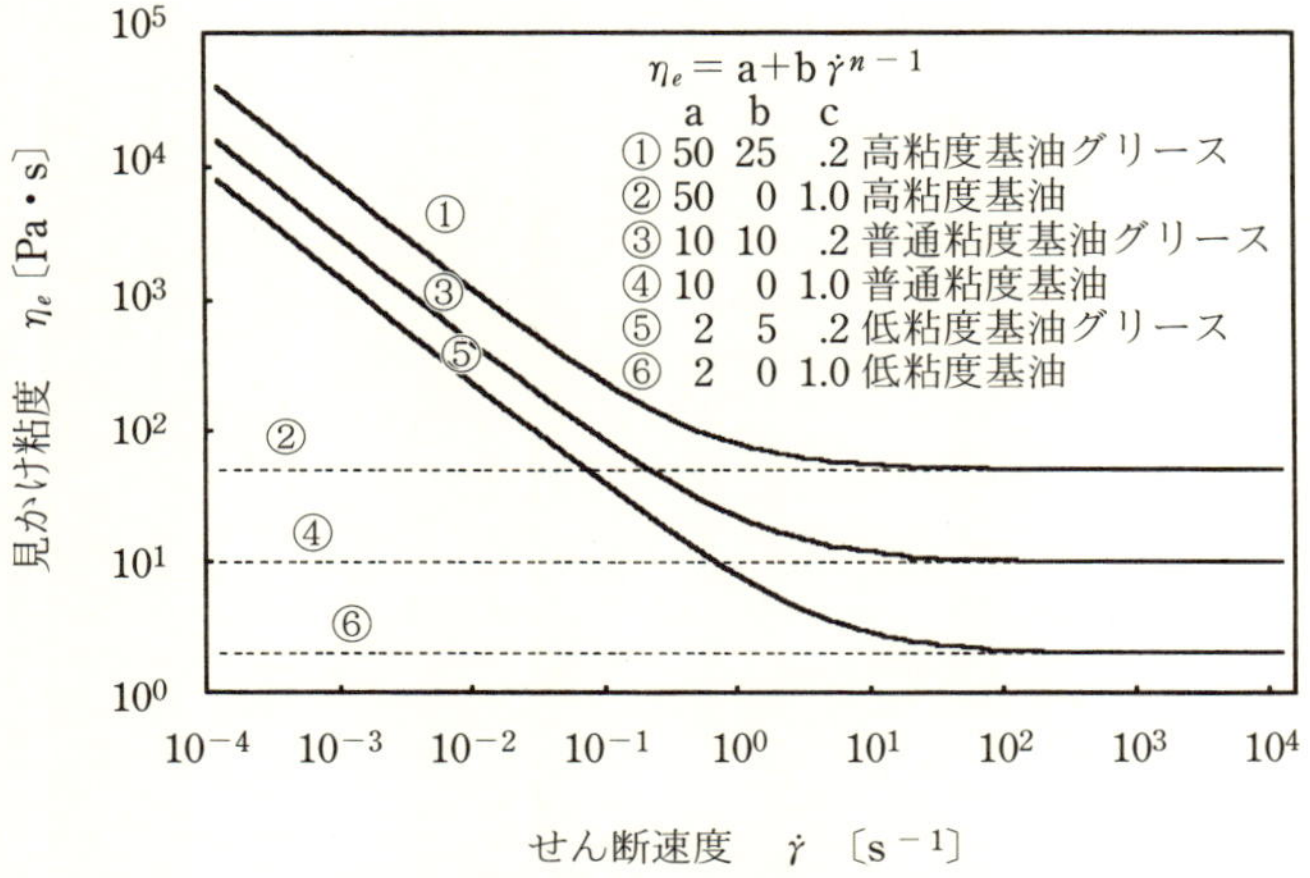

$$\eta_e = a + b\dot{\gamma}^{n-1}$$

	a	b	c	
①	50	25	.2	高粘度基油グリース
②	50	0	1.0	高粘度基油
③	10	10	.2	普通粘度基油グリース
④	10	0	1.0	普通粘度基油
⑤	2	5	.2	低粘度基油グリース
⑥	2	0	1.0	低粘度基油

図 35 平衡流動曲線への実験式の当てはめ

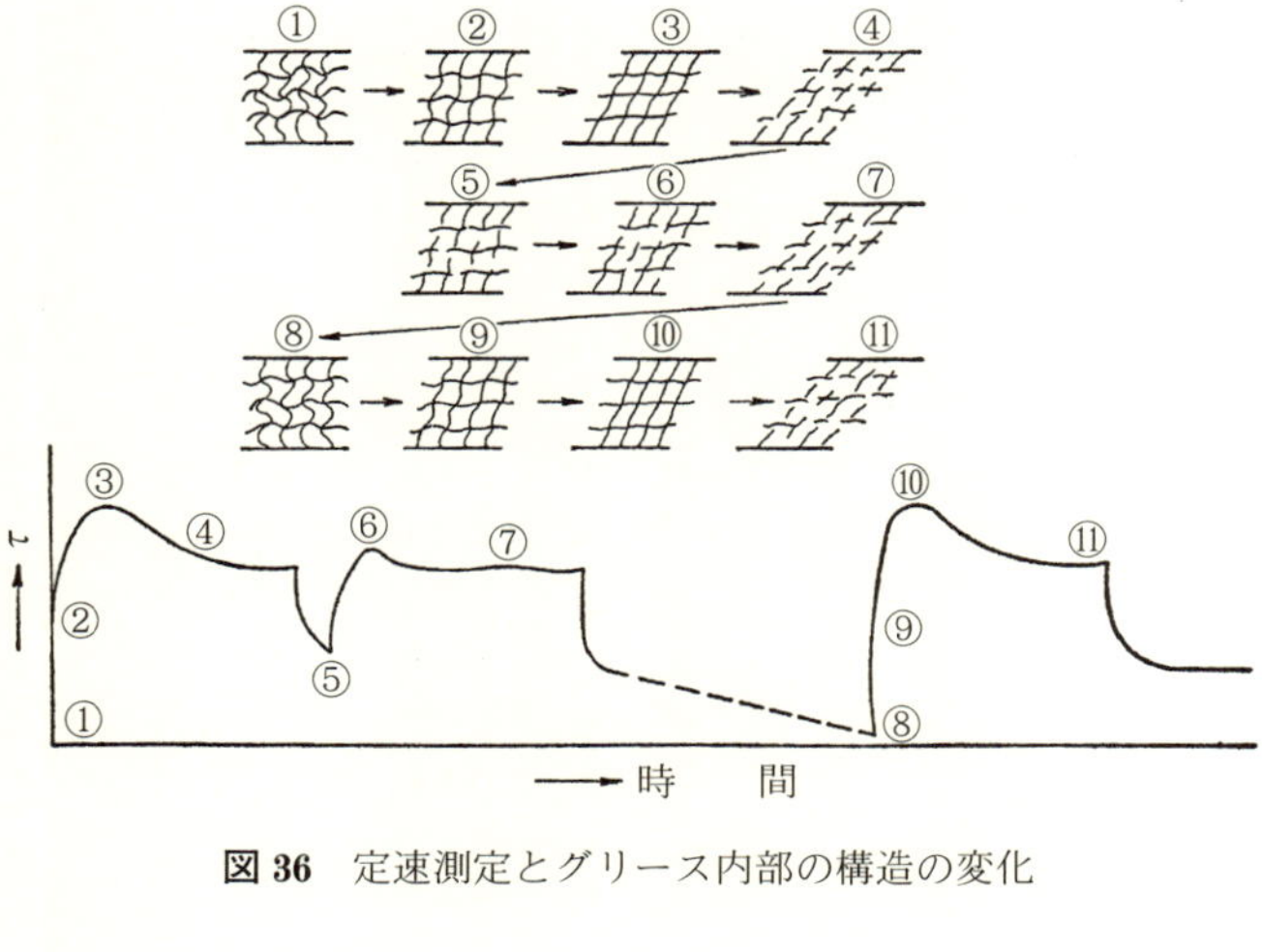

図 36 定速測定とグリース内部の構造の変化

線です。しかしグリースはこのように生易しい代物ではありません。ほっておくと硬いが、触ると軟らかくなる、またほっておくともとに戻るといったつかまえどころのないもので、いろいろな測定法がありますが、粘度計で一定の速度でずるずる引っ張って、せん断応力の変化を計ると図36のようになります。

決まった速度で引っ張るのですから、初め少しもたついても力は一定の値まで単調に増加すると思いきや、急に動かされて腹が立つのか、えらい逆らって応力が極大を示した後、気持ちが収まってくるように低下して一定値に落ち着きます（①→②→③→④）。一旦止めて再始動すると今度は少し小さい極大の後、前と同じ値に落ち着きます（⑤→⑥→⑦）。やれやれと思って一日ほっておいて始めると、最初の状態に戻ってしまっています（⑧）。これではグリースの粘度測定はどうすればよいのでしょうか。仕方がないので極大を過ぎて落ち着く一定値からの粘度を連ねたのが、図31②の「平衡流動曲線」で、これを実験式で表したのが図36なのです。

一体こんな挙動をするグリースの中では何が起きているのでしょうか？　そんなことはどうでもよいという人も我慢して図36中のイラストを見てください。グリースは金属石けんのような細かい固体が油の中に分散して図32でお見せしましたうねうねの絡み合いの構造をつくっていますから、動き出しますと抵抗を示しますが、しばらくするとずるずる崩れて軟らかくなります。止めると構造は部分的にもとへ戻りますが、再始動するとその戻りを取り返す感じで小さい極大と安定化を繰り返します。

ここまでくると，「グリースはきわめてレオロジー的な物質である」ばかりでなく，「グリースはレオロジー的研究の対象でもある」ともいえるような気がしてきます。すなわち，グリースは図36にみるように状況によって千変万化し，捉えどころのない不確定なものに見えますが，その不確定こそグリース潤滑の本質であり，その捉えどころのないものをレオロジーによってつかみ取ることは意義のあることと思います。

ところでグリースのような挙動は身近に居られるだれかさんに似ていませんか。人間同士のことでも，かけがえのない伴侶であればあるほど，謙虚に観察し，その心理の裏にある機構を慮《おもんぱか》って大事に対応することが望まれます。

おわりに

このように，グリースは研究対象としては適当でないといわれながらほかによい考えもなく，捉えどころのない性質と取り組んでいるうちに，きわめてレオロジー的物質であるからにはやはりレオロジーをもとに理解するほかなく，最後まで研究対象としてしまったといえます。そうこうしているうちに，油そのものについてもそのレオロジー的性質が問題となり，グリースの仕事から素直に入っていくことができたと思います。

いまになってみると、グリースの担当になって「不幸だ」といわれたことがそうでもなく、こうしてこの本の執筆者に名を連ねることが許されるのも、トライボロジストとしては「サクセス・ストーリー」かも知れません。

7

船舶事故との出会いと転機

船用エンジンの歴史は、トライボロジーの進展をぬきには語れない。世界一周航路の途上で、重大事故に遭遇した著者が、船用エンジンにおけるトライボロジー技術の重要性を知り、摩耗という怪物に挑んだ戦いについて語る。

佐藤　準一　一九三二年生まれ。五五年商船大学機関科卒業。三井船舶㈱〔現㈱商船三井〕・船舶職員、東京商船大学教授、埼玉大学工学部教授、㈳日本潤滑学会（現日本トライボロジー学会）理事、㈳日本舶用機関学会（現日本マリンエンジニアリング学会）会長等を歴任。工学博士（東京大学）。現在、東京商船大学（現東京海洋大学）名誉教授、横浜地方海難審判庁・参審員（非常勤）。専門は金属摩耗、フレッチング摩耗および船舶機器システムのトライボロジー。

重大事故を起こしたＡ丸

イギリスと船舶とトライボロジー

戦後間もない頃のベストセラーに笠信太郎著「ものの見方について」（河出書房、一九五〇年刊）があります。「イギリス人は歩きながら考える。フランス人は考えたあとで走りだす。そしてスペイン人は走ってしまったあとで考える」の書き出しで始まる同書と接し、イギリス人の生き方、考え方に深い興味を覚えたものでした。私が初めてイギリスを訪れたのは一九五六年で、その後、今日までたびたび訪英し、一九七九―八〇年には約一年間をノッチンガム大学（イギリス）で過ごしましたが、依然として同書に示された人達が多いことを実感しました。

その人たちが誇るものの一つに海事工学（造船学、船舶工学、舶用機関工学など）があります。十九世紀の先駆的時期に設立された英国造船学会（The Royal Institution of Naval Architects, 一八六〇年創立）と英国マリンエンジニアリング学会（The Institute of Marine Engineering, Science and Technology, 二〇〇一年に改称、それまではThe Institute of Marine Engineers, 一八八九年創立）は、幾多の業績を挙げるとともに多くの人材の育成に貢献しています。両学会のうちで、本稿とかかわりの深い後者について少し紹介しますと、現在の会員約一万六〇〇〇名、世界中に支部があり、歴代の会長には、熱力学に絶対温度の概念を導入したケルビン卿、反動式蒸気タービンを開発したパーソンス卿、英国王室のエディンバラ公のほか、各時代の要人が就任し、種々の活動を行って、この分野の中心的役割を果たしています。

写真17は、一八七〇年代のイギリスの造船技術の粋が偲ばれる船舶「明治丸」です。この船（総トン数約一〇〇〇トン、長さ約七〇m、幅約九m、一八七四年竣工）は、日本政府の発注によりイギリスで補助帆付汽船として建造され、灯台巡視船として活躍後、一八九七年東京商船学校（旧東京商船大学の前身）に移管されて係留練習船（帆船）に改造後、多くの海員（Seaman）を育んだ現存するわが国最古の鉄船です。この間、一八七六年には明治天皇が東北・北海道地方巡幸の際に青森から函館経由横浜への海路に座乗されました。祝日「海の日」は横浜ご帰着の日（七月二〇日）を記念したものです。竣工後百年以上を経た一九七八年には、造船技術史上の貴重な遺例として「重要文化財」に指定され、現在、東京海洋大学海洋工学部（旧東京商船大学）にて、限定日に公開されています。

写真 17　重要文化財「明治丸」
（出典：東京商船大学編：重要文化財・明治丸（しおり））

この船のエンジンは、イギリス製の二基の往復動蒸気機関（一基の推定実出力約五六〇kW、以下、単に蒸気機関という）でしたが、一九二七年頃に撤去され、いまは見ることはできません。しかし、この船に隣接する東京商船大学百周年記念資料館には、海事史上貴重なエンジン類が展示されていて実用蒸気機関の構造その他を見ることができます。

写真18は、同資料館にある実験用三段膨張式蒸気機関〔最大出力約一一〇kW、毎分回転数二〇〇、シリンダ直径一八〇mm（高圧）、三〇〇mm（中圧）、四八〇mm（低圧）、使用圧力約一・三MPa、ピストン行程三〇〇mm、㈱東京石川島造船所一九三六年製造〕で、このエンジンが完成するまでには、トライボロジーについての長い開発の歴史があったことを教えてくれます。

ワットの蒸気機関の最初の特許は、一七六九年のようですが、改良の度に特許を申請し、一七八二年までに三回の特許を得ています。初期の頃のシリンダは加工精度が悪く、ピストンがシリンダ内を動くときの蒸気の漏れを防止するのに苦心したようです。今日のようなピストンリングが発明されるまでの半世紀以上にわたる苦闘の歴史は、トライボロジー研究者にとって興味深いものです。ちなみにトライボロジー（Tribology）とは、イギリスで生まれた用語で、本書では、すでに定義されているとおりです。

リーズ大学（イギリス）のダウソン教授の著作「トライボロジーの歴史」（英文）（ロングマン社、一九七九年刊）をひもとくと、ワットの頃のピストンとシリンダ間の蒸気

写真18　三段膨張式蒸気機関

のシールには、ワニスを塗った布や古い麻縄などをほぐして麻くずのようにしたオーカムを羊脂か牛脂に浸したものが用いられたようです。その後一八五四年にラムズボットムにより、画期的な「合い口」式金属製ピストンリングが発明され、格段の進歩を遂げました。写真18と同形式の実用機関には、この形式のリングが多用されています。

舶用往復動機関は、蒸気からガソリンやディーゼルへと推移しましたが、ピストンリングの基本形は、ほとんど変わらないで今日に至っています。

ダウソン教授によると、ピストンリングとシリンダ間の摩擦を初めて測定したのは、スタントンのようで、一九二五年のことでした。モデル試験機による実験では、潤滑油として「ひまし油」を用いたときに低い摩擦係数が得られ、その値は〇・〇二三－〇・〇二八でした。この実験は、室温で滑り速度が低かったために潤滑油の油性と呼ばれた性質が摩擦に強く影響したと考えられます。滑り速度が高くなると、厚い油膜の形成が可能になり、潤滑油の粘性が摩擦に影響するようになりますが、この理論のピストンリングとシリンダ間への適用は、もう少しあとのようです。なお、ひまし油が潤滑性能に優れることは、一九四〇年代のマリンエンジニアには知られていたようで、その頃のテキストにも掲載されています。

このほか例えば、バウデンとテイバー（摩擦と潤滑）、タワー（滑り軸受の実験）、レイノルズ（流体潤滑理論）、ハーディー（境界潤滑）、ダウソンとヒギンソン（弾性流体潤滑理論）、ウォーターハウス（フレッチング摩耗と疲労）らが括弧内の課題について優れた業績を挙げ、トライボロジーの分野でもイギリスが大きな役割を果たしています。

マリンエンジニアとシーマンシップ

船舶や航空機が危機に直面したときに乗組員（クルー）に求められる行為として「各人が本分を全うすること」があります。人間社会を構成する私たちにもそれぞれの本分があって、それをわきまえることが求められます。この「本分」は、英語の「Duty」に相当しますが、これにまつわる興味深い話があります。いずれも主役はイギリス人です。

一八〇五年一〇月二十一日、スペインのトラファルガー沖で、イギリス海軍が国の命運をかけてフランス・スペイン連合艦隊と戦った際、イギリス艦隊の司令官ネルソンが開戦にあたって旗艦ビクトリーから発した有名な信号が「England expects that every man will do his duty」です。また、その海戦の勝利が確定したとき、ネルソンは重傷を負って死の直前にありましたが、そのとき述べた最後の言葉が「Thank God, I have done my duty」であったと伝えられています〔アンステッド著「歴史辞典」（英文）（ワードロック社、一九七六年刊）。

また、一九一二年四月十四日の夜半、イギリスの豪華客船タイタニック号（四万六三二八トン、蒸気機関二基、蒸気タービン一基合計出力約三万六八〇〇kW、速力約二三ノット）がサウサンプトンからニューヨークに向けて処女航海の途中、氷山に衝突し、約二時間四〇分後に沈没した事故は、海運史上、多くの教訓を残しましたが、その一つにエンジニアの行為があります。

ベル機関長（英国マリンエンジニアリング学会・正会員）以下、各エンジニアが乗客の安全にかかわる船内電灯を消さないために最後まで発電機を回し続け、全員（当時の記事では「All the Engineer Officers」とあります）が船と運命をともにしたのです。まさに「They have done their duty」です。この行為は、多くの人の心を打ち、それを称える記念碑がサウサンプトンに建立されるとともにレリーフが英国マリンエンジニアリング学会の本部に掲げられています（写真19）。

以上は、いずれもシーマンシップ（Seamanship）の本質を問う例として、先進から聞かされた話で、要は「マリンエンジニア、かくあるべし」でした。なお、シーマンシップとは、本来「船舶運用にかかわる

写真 19　タイタニック号のエンジニアを称えるレリーフ

百般の技能」を意味する語ですが、わが国では、かつて「船乗り道」とも訳され〔新英和辞典、研究社、一九六〇年刊〕、精神面を強調した使い方が少なくありません。

船用エンジンの重大事故との出会い

前記のような教訓と知識のごく一部をもって、A丸（一万七九重量トン、一九五二年四月竣工、写真20）に、M社のマリンエンジニアとして乗船したのは、商船大学卒業後、ほぼ一年六カ月の乗船履歴（同社H丸）を終えたあとの一九五七年九月のことでした。

その後、数回の航海のあと、同船は東廻り世界一周航路（日本―北米―パナマ運河―欧州―スエズ運河―東南アジア―日本、約百日間）に就航し、すでにイギリスを経て地中海を巡り、スエズ運河を無事通過して順調な航海を続けていましたが、紅海に入って間もなく（一九五八年四月某日）重大事故が発生しました。

写真 20　A 丸

すなわち、床からの高さ約八m（全高約一〇m）の大型二サイクル・ディーゼルエンジン〔無過給、シリンダ数九、シリンダ直径〇・七四m、ピストン行程一・六m、毎分回転数一一五、出力約五九〇〇kW、以下、単にエンジンという〕がブローバイ事故を起こして航行不能になったのです。

図37に同エンジンの主要部の構造を示します。この図は、当時使用した設計図の一部をそのままコピーしたもので、少々の変色と書き込みが見られますが、ご容赦ください。

同図に見られるように、古参エンジニアがラムズボットム・リングと呼んでいたピストンリングを各ピストンに六本装着していたにもかかわらず、リングとシリンダライナ（以下、単にシリンダという）の異常摩耗等により、シール性能が低下して、燃焼ガスがブローバイ、すなわち、高圧の燃焼ガスがシリンダ下部に吹き抜けて可燃ガスに引火し、爆発を起こしたのです。初めての経験でした。

さっそく、エンジンを開放してピストンリングの新替え作業等の補修工事に取り掛かりましたが、当時、A丸には空調設備がなく、まさに蒸し風呂のような環境下で汗と油にまみれながら難渋しました。幸い、乗組員一同の危機意識が高く、一致団結して徹夜作業を敢行した結果、自力航行が可能となり、本分を全うした喜びを分かち合いました。摩耗トラブルとの厳しい出会いでしたが、同時に後年、ピョートル・カピッツァ（ノーベル物理学者、一八九四―一九八四年）から学ぶことになる「科学・人間・組織」（金光不二夫訳、みすず書房、一九七四年刊）について考える貴

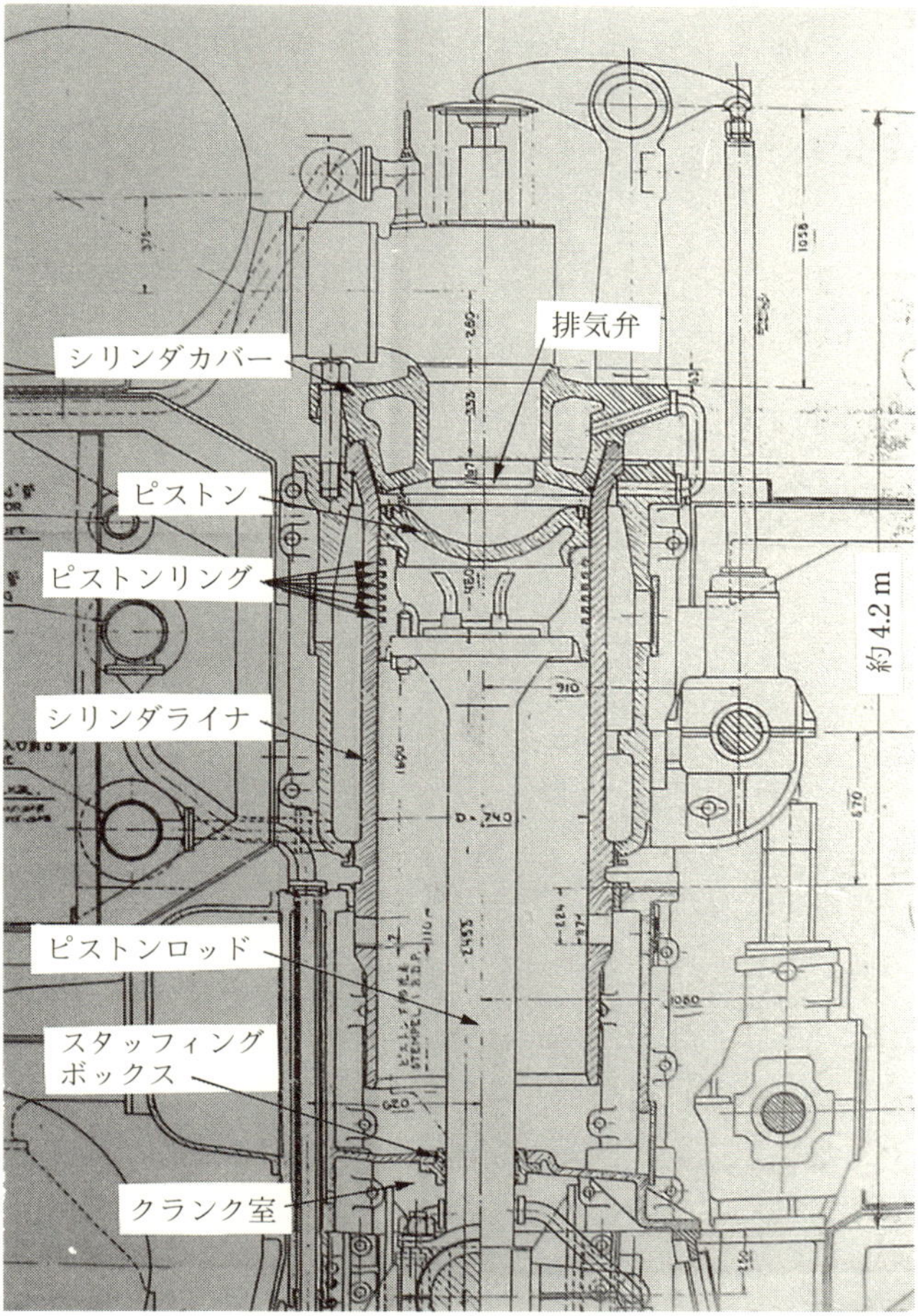

図 37　事故機（エンジン）の組立断面図（主要関係部分）

重な体験でもありました。

作業と並行して事故解析を行った結果、主因はピストンリング・シリンダの摩耗と潤滑油不足などにより、燃焼ガスのシール性能が低下したためと判断されたので、ピストンリングの新替等の補修整備を行った後、潤滑油の摩擦面間への供給量を増加するとともにシリンダ下部の壁面温度（間接的に測定）に注意しながら運転して、無事帰国しました。当時としては、適切なトラブルシューティングで、そこには技術のノウハウとシーマンシップを兼ね備えた有能な先輩エンジニアの群像があり、大きな感銘を受けました。

当時の船内における主要な技術・技能教育は、いわゆるＯＪＴ（On the Job Training）で、それにかかわる言葉として「やってみせ、言って聞かせて、させてみせ（て）、褒めてやらねば人は動かじ」がありました。これは、かつて旧海軍で用いられたようですが、㈳日本マリンエンジニアリング学会・初代会長・土光敏夫氏も好まれた言葉のようです。また、分野の異なる友人が人材教育の際に、この言葉をよく引用したとのことですから、ご存知の方も多いと思います。この言葉の重要な点は二つあって、その一はまず己が範を垂れることで、そのためには己が絶えず研鑽《けんさん》に努めることであり、その二は相手が少しでも進歩すれば、その点を認めて褒めてやることです。そしてさらに「言って聞かせる」は、指導者の力量が問われる厳しい言葉です。

一例を挙げますと、当時、機関部のマイスターと呼ぶべきＫ氏は、精密機械の整備・修理等が得意で、燃料弁のアトマイザからカメラのシャッターに至るまで、サブミクロンの感覚で寸分違わず手入れをし、不具合機器・部品類があたかも魔法の手に掛かったように甦るのでした。そして自らは決しておごることなく、絶えず「より高度な課題」に挑戦して腕を磨きつつ、後進に対しては武骨に諭しながら時には褒めて才能を育むという風でした。K氏以外のマイスター諸氏の特技と教え方はさまざまでしたが、これら有能な先達の薫陶《くんとう》を受けた多くの人材が、その後のマリンエンジニアリングの技術レベルの向上に寄与したことはいうまでもありません。伝承の意義として「授かった内容をよく吟味・理解して研鑽を重ね、充実・発展させて次代に伝えること」を実践した例です。この意義は、周知の「温故知新」とも一脈通じますので、他の分野でも参考になると思います。

摩耗研究への転機とその後の展開

前述のブローバイ事故の教訓は、当時軽視しがちであった潤滑管理の問題が大きなエンジントラブルに関係し、船舶を運航不能に導く危険のあることを示した点にあり、ピストンリングとシリンダの耐摩耗性や潤滑油の性能など、エンジン・トライボロジーの課題を提起した点でも重要でした。そしてこの事故が摩耗研究への転機となりました。

その後、大学に戻り、この問題の解析を試みました。しかし、この解析が容易でないことはすぐにわかりました。すなわち、運転中のエンジンのシリンダ内で発生する摩耗現象を的確に再現することが難しく、したがって、実験室における基礎研究の結果と実機試験の結果とが一致しないことが多かったのです。摩耗そのものに対する理解も十分でないことがわかりました。

そこで、少々時間がかかっても、できるだけ多くの文献や資料等を収集して、摩耗の基礎から研究を始めることにしました。幸い一九六三年に東京大学・曽田範宗先生の門に入れていただき、出向（内地）研究員のあと、協同研究員（非常勤）として、たびたび星霜《せいそう》を重ねる機会に恵まれました。この間、そうそうたる学兄各位と出会い、大いに啓発されました。

曽田研究室への入門が摩耗の世界への真の入口でした。当初、摩耗の分野は、底無し沼のように見えて、現象を追って進めば進むほど深みにはまり込み、出口が見えないように思われました。かの迷宮ラビュリントスに入り込み、怪物退治が果たせないでいるテセウスの心境でした。まして、出口への道（アリアドネの糸）は知る由もありませんでした。

怪物退治（摩耗解析）の手がかりは、マリンエンジニアの時代に培った経験から生まれました。すなわち、シリンダ摩耗の本質の一つはピストンが上下死点にあるときに滑り速度が零になり、かつ正弦波に近い速度変化をすることで、このことを満足する一方向摩擦と往復摩擦とがほぼ同一条件下で行える実験装置を考案しました。従来の試験機にはない機構で、一方向摩擦を行う場合には、往行程時に特殊カム機構を用いて試験片が接触しないようにし、復行程時だけ滑り摩擦が行えるようにしたものでした。曽田先生のご理解をえてさっそく製作にかかり、最終調整を経て一九六三年夏に東大・航空研究所六〇号館の片隅に実験装置が完成しました。金属摩耗の本質を追求するために真空中でも実験が可能な欲張った装置でした（写真21）。この装置により、往復摩擦と一方向摩擦による摩耗に差異があることがわかり、その主因が滑り摩擦の繰り返しによって生じる摩擦面の変質と摩耗粉の挙動にあることを明らかにしました。

写真21　往復摩耗試験機

しかし、この研究中に摩耗データのばらつきが気になり、丹念に調べた結果、試験片の表面構造、すなわち、塑性加工や機械加工などによる金属組織の異方性が関係することがわかりました。そこで、この問題に関連して、摩擦方向による摩耗の差異、すなわち、摩耗の異方性の諸問題について検討を進めることにしました。研究の道草には、結晶学・X線回折・転位論等がかかわる金属表面物性の魅力あふれる課題があり、大いに惹かれる処がありました。金属単結晶や機械加工表面に存在する集合組織と格闘したのもこの頃で、この成果が学位論文（一九七二年、東京大学）になりました。

その後、往復摩擦の行程がしだいに小さくなり、一九七五年頃には数㎜に、さらに、イギリス留学後の一九八〇年頃には数µm（千分の数mm）となり、そのような条件下、すなわち、微小な行程（振幅）の往復摩擦（振動）の下で起こる摩耗現象「フレッチング摩耗」について研究するようになりました。この時点で研究の方向がエンジンのシリンダ摩耗の実態解明とは別の方向にあって、ますます遠ざかることを悟りましたが、エンジン摩耗とは別の怪物、すなわち「フレッチング摩耗の発生メカニズム」の魔力にとりつかれ、ウォーターハウス博士（ノッチンガム大学）らとの共同研究を始め、東京商船大学と埼玉大学において専ら基礎研究に従事しました。その間、埼玉大学では、関係各位とともにトライボロジーセミナーを一九九六年から一九九八年まで三回開催し、トライボロジーの諸問題のほか、フレッチング摩耗についても最新の研究成果を中心に話題提供を行って、以後の研究に役立てることができました。

ちなみに、フレッチング摩耗（Fretting Wear）とは、振動を受ける機器・部品のはめあい部、ボルト締結部、転がり軸受等の接触面にしばしば発生する摩耗現象で、大気中で酸化物やさびを伴うことからフレッチング・コロージョンとも呼ばれています。この現象は、最初イギリスで取り上げられて以来、各国で研究されるようになりましたが、滑り摩耗が起こらないようなゆるい条件で設計・製作した機器においても発生することがあり、品質と信頼性を損なう厄介な問題として、近年、多くの人に知られるようになりました。若干の事例を写真22に示します。

写真22(a)は、新造練習船に据え付けた研究用装置に発生した転がり（玉）軸受のフレッチング摩

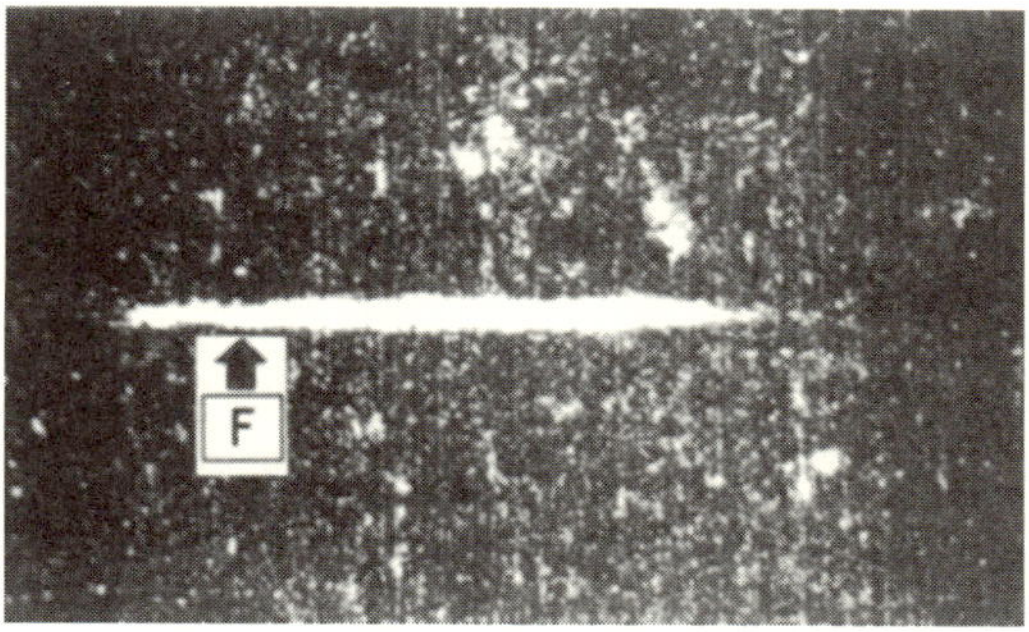

(a) 転がり軸受　　1 mm

(b) 回転軸（キー止め部）

写真 22　フレッチング摩耗被害の例

耗（図中のFで示した白い棒状の部分）です。これは、東京―伊豆大島のわずか四日間の航海で停止中の軸受の外輪軌道面に生じたもので、調査の結果、主因は研究用装置を設置した床の振動にあることがわかりました。写真22(b)は、モータ駆動軸のキー止め部に生じた典型的なフレッチング摩耗の例で、回転時のトルク変動などにより歯車ボス軸穴との接触部分に発生したものです。軸の一部（写真中のF）が強く凝着するとともに軸全体が赤錆に覆われており、軸と軸穴とのすきまが大きくなって、キー止め部にガタが生じていました。この状態がさらに進行するとキー溝付近に疲労亀裂が発生して軸の破断に至る場合があるので、注意が必要です。これらについては、これまでの研究により、一、二の対策が立てられるようになりました。

フレッチング摩耗の研究を始めてから約二〇年後の一九九八年一〇月六日、先述の英国マリンエンジニアリング学会本部（ロンドン）にて「フレッチング摩耗の基礎的諸問題と軽減法――マリンエンジニアリングの信頼性を高めるために――」と題する講演を行った後、論文集に収録されましたが、これが海事工学の進展に寄与したとして、後日、誠に古風な格式の賞状Stanley Gray Award（副賞付き）を受領し、同学会の年報にも掲載されて光栄に思いました。なお、講演の際には、エディンバラ公記念室にて、恒例のAuthor's Dinner（講演者を囲む夕食会）があり、その前後に種々の質問を受けるなど、関心の高さを感じましたが、この受賞により、「研究成果の実用面への寄与」を重視する同学会の伝統的姿勢を改めて認識しました。

フレッチング摩耗の解析は、この成果を含めて、ようやく怪物の要所に取りつけたと考えていますが、まだまだ課題が多く、「継続は力なり」を信じて挑戦を続けています。

さて、舶用エンジンの方は、その後多くの研究が行われているにもかかわらず、いまだにさまざまな摩耗の怪物がエンジン内で暴れており、時々エンジンを止めたり、性能を低下させたりしています。

これらの怪物との戦いの舞台は、一般に知られる逆境との戦いと同様に、いかに対処するかが問われる試練の場であるとともに、新しい知識や知恵が生まれる飛躍の場でもあります。船舶が洋上で多くの試練と出会うように、諸賢も進んで大海に出て逆境と出会い、大いに飛躍していただきたいと願っています。

8

高耐久性塗布型磁気ディスク媒体開発物語

最先端の大容量記憶装置であるＨＤＤ（磁気ディスク装置）の信頼性はトライボロジーが決める。塗布型磁気ディスク国産化から世界一の信頼性を得るまでの苦闘の物語。

ポータブル機器用 6 GB
マイクロドライブ

川久保　洋一　一九四四年生まれ。六九年東京大学大学院精密機械工学専攻修士課程卒。六九年㈱日立製作所中央研究所入社。九三年同社機械研究所勤務、この間、メッキ磁気ディスクの開発、塗布型磁気ディスク開発、薄膜磁気ディスクのトライボロジー特性解析等に従事。九九年より信州大学工学部教授。現在は磁気ディスクのトライボロジーに加え、ＣＮＴのトライボロジーなどを研究。九八より〇四年日本トライボロジー学会ファイル記憶のトライボロジー研究会主査。

情報化社会を支える磁気ディスク装置

磁気ディスク装置は、ディジタル情報を蓄積することで現在の情報化社会の基礎として活躍しています。その構造を図38に示します。時速五〇㎞程度で回転する磁気ディスク媒体（以下円板）上に、空気軸受の原理で非接触で浮上している磁気ヘッドにより情報を記録再生します。磁気ヘッドは、位置決め機構により所定のトラック上に位置し、記録再生回路をとおして情報を処理します。磁気ディスク装置（以下磁気ディスク）の記録容量を決める記録密度は図39に示すように、一九五七年に米国IBM社により開発されて以来約一〇〇〇万倍に増加しています。同じ図に示した半導体メモリ（DRAM）と比較し、その増加が際だっています。最近では直径九五㎜の円板二枚に、五〇〇時間を超えるビデオの記憶が可能となっています。このような驚異的な記録密度の増加は、個々の技術の小さな改良が集まって実現されています。そのため技術開発にヒーロー物語はなく、開発の経緯を皆さんはご存知ないでしょう。信頼性の高い製品を開発する中での苦闘を皆さんに知っていただきたくて、この物語をまとめました。

磁気ディスク装置は米国の発明であり、日本のメーカーは後発でした。しかし、その後の努力により、一九八〇年代後半には先発メーカーを超える信頼性の高い製品を開発するまでに追いつきま

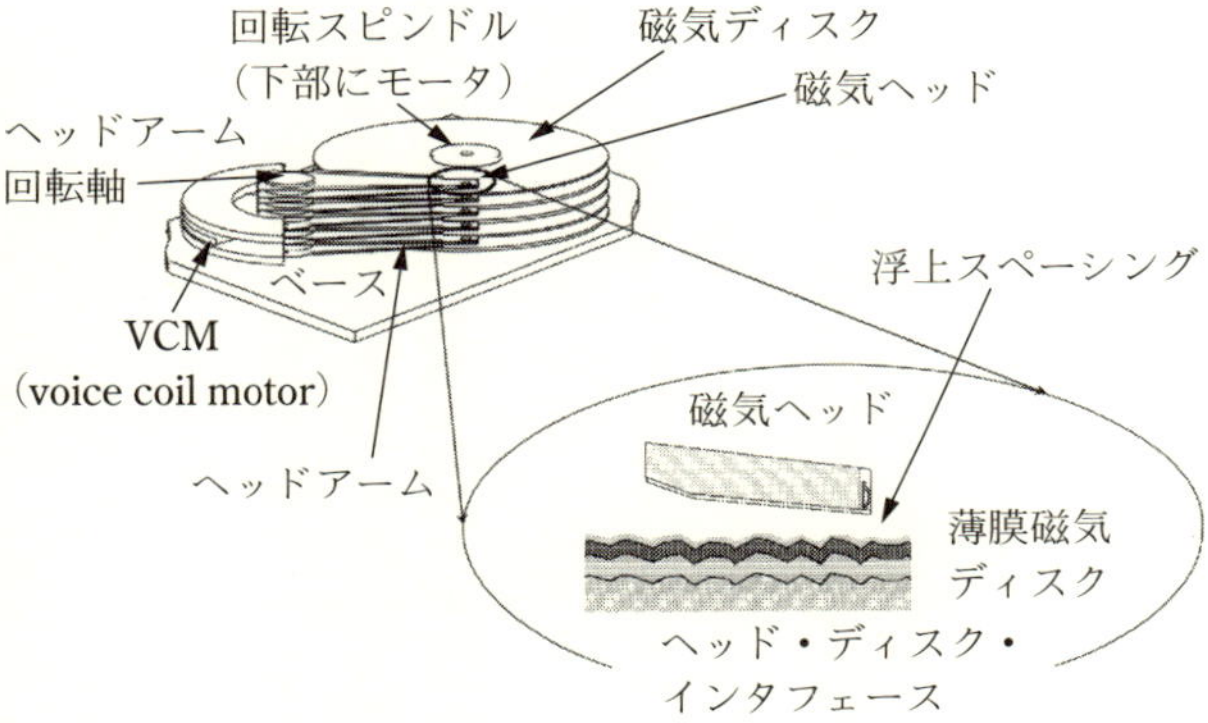

図 38　磁気ディスク装置の構造

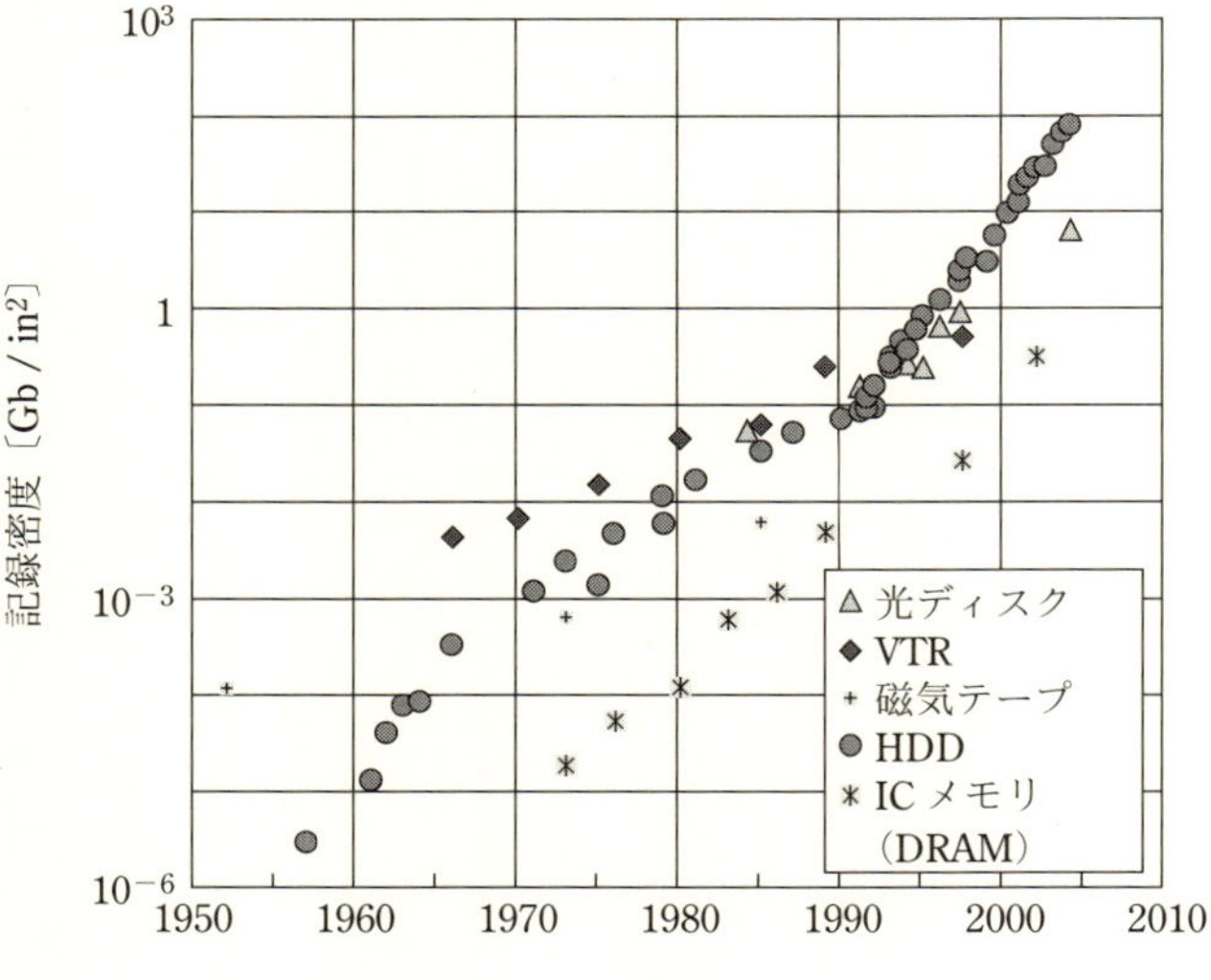

図 39　各種情報記録装置の記録密度推移

した。二〇〇三年にはそのメーカーの磁気ディスク部門を㈱日立製作所が買収するまでになっています。ここまでになったのも、これからお話しするような技術導入ではない独自技術による国産化の努力があったからです。

先行製品が販売されているときには、その製品を購入し分解・分析することが、開発の最も早道です。明治維新以降の日本の工業製品開発も大部分はこのような、先行製品の真似の上に築かれています。能の修行でいわれる、「修・破・離」の修（習）に当たります。次の「破・離」が優れた能役者かどうかを決めるように、真似だけでなくそこにオリジナリティを加えることが優れた技術者の決め手になります。図38の磁気ディスク構成部品の中で、情報を記録する円板はその名前が装置の名前になっているように磁気ディスク固有のもので、簡単には真似できませんでした。独自技術による円板の開発が国産化の鍵でした。

物語の前に磁気ディスク装置の構造とトライボロジー技術とのかかわりに簡単に説明します。そして筆者が以前在職した日立製作所における、米国での開発から数年後の少人数での塗布型円板の国産化による技術立ち上げの物語をお話しします。これは開発を推進した福家元からの聞き書きで、終わりには私も加わり一九八〇年代末に世界一の高信頼性磁気ディスクといわれるまでに育て上げた苦労物語を簡単にまとめてあります。最初は、磁気特性を測定するために磁気ヘッドを浮上させることと自体が困難であたため、磁気ヘッドの浮上性を高めることが磁気ディスク開発の鍵を握っていました。後半は、先発メーカーを追い抜くための耐摩耗性確保を可能とする円板開発指針とその実現が主題です。

磁気ディスク装置の構造とトライボロジー

写真23には磁気ディスクの例として、本稿で扱っている初期の大型計算機用磁気ディスク装置(a)と最近のパソコン用装置(b)の写真を示します。大型機は七〇年頃の製品で高さ一・八m、一回転軸（スピンドル）当り容量二九メガバイト、八台で約二三〇メガバイトの容量をもつものです。パソコン用装置は二〇〇四年に開発された一台四〇〇ギガバイトの装置です。外形寸法をハガキ大とし、容積を一万六〇〇〇分の一に縮小しながら一〇〇〇倍の容量を記録できることからも、高記録密度化が実感できると思います（以下磁気ディスクの機種を当時と同じ、スピンドル当りの記憶容量で呼びます）。

磁気ディスクでは、ビデオテープと同じように磁気記録方式により情報を円板に記録します。磁気記録方式では磁気ヘッドと磁気記録媒体とが相対的に運動することによって、磁気的相互作用により記録と再生が行われます。少数の磁気ヘッドで広い面積の記録媒体上に大量の情報を記録できるためビット価格を安くできます。一方で、相対運動が必要となるため、位置決めとトライボロジ

（a） 初期の大型計算機用装置
29 MB 機（1969：日立製作所 H 8577）

（b） 最近のパソコン用装置
400 GB 機（2004：Hitachi GST-Deskstar 7 K 400
（出典：日立グローバルストレージテクノロジーズ））

写真 23 新旧磁気ディスク装置の比較

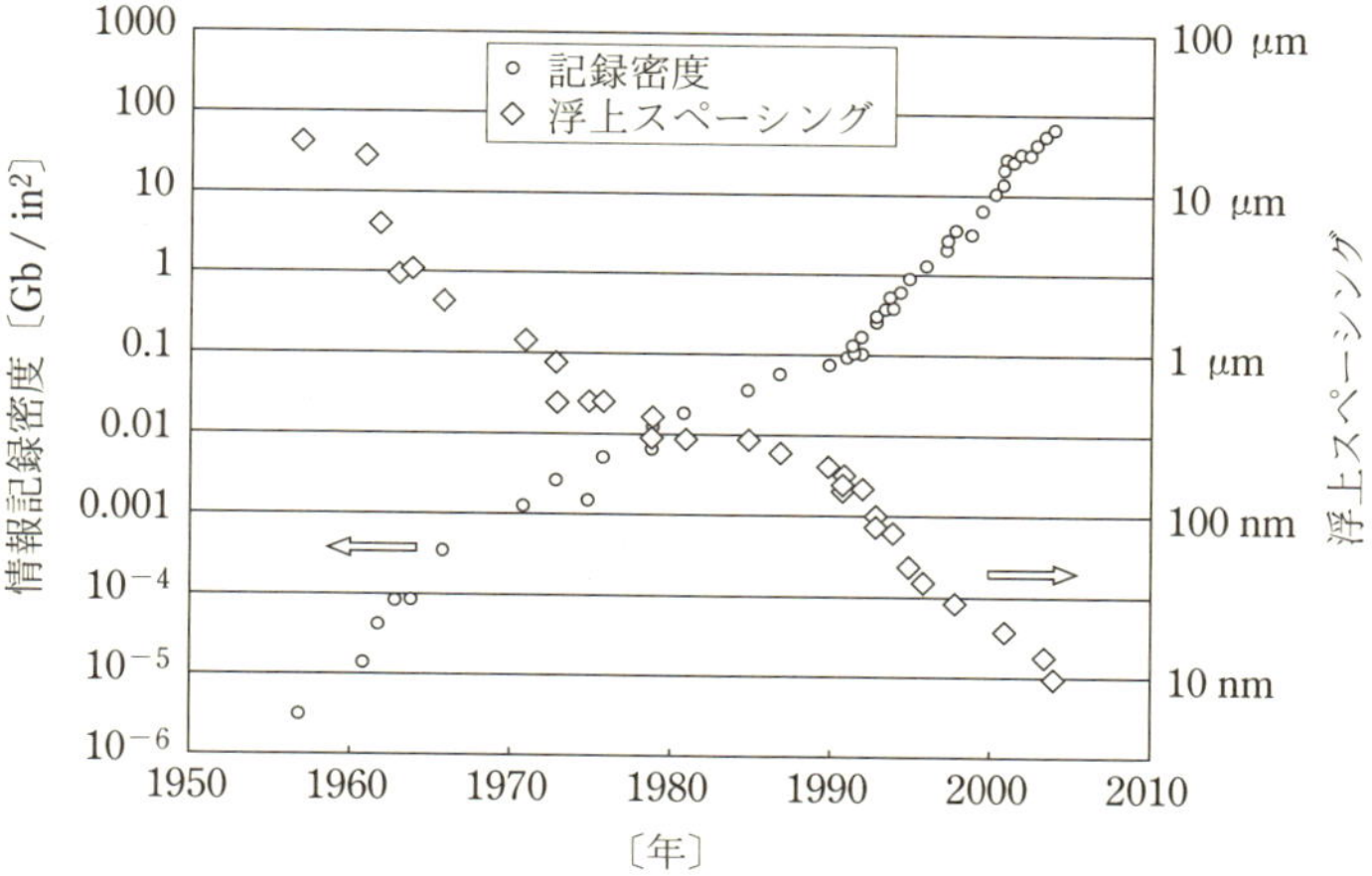

図 40 情報記録密度向上とスペーシング短縮の推移

ーの二つの機械技術が必要となります。トライボロジーの定義にある相互作用は、暗黙の内に機械的相互作用のみを考えています。これに磁気的相互作用も含めれば、磁気記録もトライボロジー技術に入ります。このように、磁気記録はトライボロジーなくしては成立しない技術です。

円板上に情報を高密度に記録することは、一ビットあたりの寸法を小さくすることになります。その高密度（短い間隔）で記録された磁気情報から漏れる磁場は弱く、遠くまでは到達しません。そのため、その記録再生には磁気ヘッドを円板に近づけることが必要となります。図40には、この磁気ヘッドと円板とのすきま（スペーシングと呼びます）の短縮の推移を記録密度の推移とともに示します。一九五七年には二〇μm（髪の毛の太さの三分の一程度）を超えていたスペーシングは、二〇〇四年には一〇nm（遺伝子DNAの太さ程度）を切るまでに短縮されています。記録密度の向上に、磁気ヘッド―円板間のトライボロジー障害を防止することが重要課題であることを理解できると思います。

塗布型円板の国産化

最初に、先行製品はあったもののなにもわからないところから独自技術により、同じレベルの製品を開発するまでの物語をまとめます。

研究のスタート

日立製作所で円板の研究を始めたのは一九六六年からでした。当時は塗布型円板の必要条件、特にトライボロジー的側面についてはなにも知られていませんでした。構造上から「アルミニウム基板上に磁気テープと同様の塗布磁性膜がガッチリとついていればよい」程度のイメージしかありませんでした。

当時の磁気ディスク装置は、直径三五六㎜（一四インチ）厚さ一・三㎜の大型円板を六～一一枚積み重ねた磁気ディスクパックを交換する写真23⒜に示すような形でした。容量は一パックあたり約七～二九メガバイトでした。磁気ヘッドの浮上スペーシングは約三㎛でした。ＩＢＭ社の磁気ディスクパックを分解、分析した結果、磁性膜の膜厚は約七㎛で、結合樹脂中に針状磁性粉が分散していることがわかりました。樹脂は熱処理（硬化）により結合しているため、その最初の組成もどのような工程で製造されたかも製品からはわかりませんでした。そのため、後発でお手本の製品が目の前にあっても、その材料も製造方法もまったく新たにつくり出す必要がありました。

このような状況で最初は磁性粉を樹脂中に分散させた磁性塗料を日立マクセル㈱で開発し、小田原工場でアルミ基板への塗布以降を担当することとし、中央研究所では化学が専門の福家元、千葉克義の二名（ともに当時中央研究所研究員）が担当して開発が始まりました。福家元が主に磁性塗料製造を千葉克義がその評価を考え、共同して研究を進めました。

結合樹脂の選択

塗布型円板の製造プロセスを図41に示します。最初に磁性粉と樹脂を溶剤とともに混合、混練して、磁性粉を樹脂中に均一に分散させた磁性塗料をつくります。磁性塗料を回転するアルミニウム基板上に遠心力により薄く塗布し、加熱して樹脂を硬化させ、基板に焼き付けます。その表面を平滑に研磨して塗布型円板が完成します。最初の磁性塗料作成方法は日立マクセルの開発したもので、磁性粉と樹脂の混合物をスチールボールとともにステンレスの円筒型ポットの中に入れて回転混合するボール・ミル（BM）法でした。

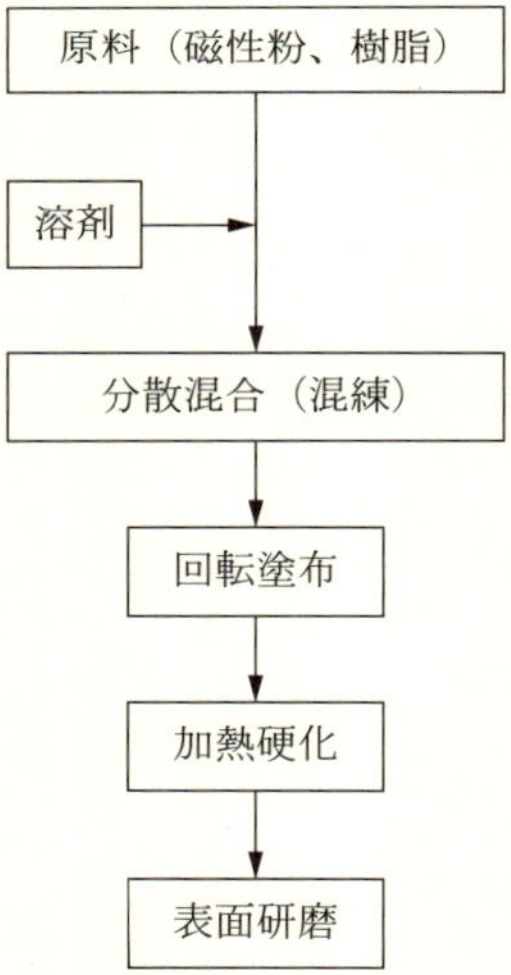

図41　塗布型円板の製造プロセス

磁性粉を固定する結合樹脂として、最初は磁気テープと同じ熱可塑性樹脂を考えました。しかし、基板との接着力が高いこと、特許情報があったことから、その後エポキシ樹脂に絞りました。主成分が決まっても、硬化剤をなににするかがつぎに問題となりました。世の中のいろいろな塗布膜評価法を試み、落砂試験、高温剥離強度試験などで先行製品と同じ特性になるように研究を進めました。このようにして、外見では塗布型円板といえるものができました。

そこで記録再生試験をするべく、磁気ヘッドを実際に浮上させてみました。当時の磁気ヘッドは三μm も浮上しているので、ヘッドとディスクが接触するということはまったく考えませんでした。ところが、円板上に磁気ヘッドを持ってきて浮上させると、「途端」に「瞬間的」に磁性膜が壊れてしまいました。これでは記録再生の試験も進められませんでした。

塗布型円板開発における最大の困難は、ここで明らかになったように円板上に微小間隙を保って浮上する磁気ヘッドが、円板と連続接触（当時ヘッド・クラッシュと呼ばれた）しないようにすることでした。最初はこの浮上性をどのように評価すればよいか、皆目検討がつかない状況でした。そこで、つぎに進めるべき方向を知るために、壊れた跡を観察しました。磁気ヘッドには茶色に樹脂が「ベットリ」とついていました。磁気ヘッドとの接触時に摩擦熱で円板上の樹脂が融けて、磁気ヘッドについた様子でした。この状態にならないようにするには、円板と接触して温度が上昇しても磁気ヘッドに樹脂がつかないようにすればよいと考え、その方法を探すことがつぎの課題となりました。このような技術の前例は教科書にもなく、非常に困りました。

その頃、世の中ではアポロ計画が進められていました。その中で、有人宇宙船が大気圏外から戻るときに流星のように燃え尽きないための技術が話題となっていました。宇宙船の外側にはフェノール系樹脂のような燃えて炭化しやすい樹脂が用いられていました。福家元は摩擦熱で温度が上がったときに、磁気ヘッドにバインダがつかなくするためには、「バインダが燃えて炭化すればよいのではないか？」と考えて、硬化剤として入れていたフェノールの量を増やしまた。そして、摩擦熱が関係するのであれば接触時の温度を測ることで摩擦特性を知ることができると考え、千葉克義は熱電対を埋め込んだ模擬ヘッドを作成し摩擦時の温度上昇を測定しました。フェノールの量を変えると摩擦開始からの温度上昇曲線が変化しました。模擬ヘッドの温度上昇が早いものは、樹脂は脆いが模擬ヘッドへの樹脂の付着はありませんでした。そこで、ともかく「ヘッドにバインダがつかないこと」を指標に樹脂組成と成膜プロセスを開発することにしました。

エポキシ・フェノール樹脂は缶詰の内側のコーティングや航空機などに用いられており、エポキシ／フェノール比は七対三か八対二でエポキシ樹脂が多い組成が常識でした。ところがそれではヘッドを浮上させるとバインダがついてしまうのです。最終的には両者の比を同じにしました。ところがフェノールを増やすと、磁気ヘッドにはつかなくなりましたが、今度はアルミ基板上に薄膜に塗布しにくくなってしまいました。そこで、塗布性を改善するため分子量の大きいポリビニールブチラール（PVB）を添加し三成分系にしました。これらにより、実際にヘッドを浮かせると前よりマシにはなりましたが、〇・二秒の寿命がせいぜい二秒になったくらいでした。

フィラーの効果の発見

なかなかうまくいかないので、その頃公開されていたIBM社の特許の実施例をそのまま追試をしてみました。特許にあった樹脂組成でエポキシ、フェノールは試作中のものと同じでしたが、PVBのかわりにポリビニールエチルエーテル（PVE）が添加されていました。そしてBMのボールとポットはなぜか磁器製でした。追試の結果ではPVEは薄膜塗布性が悪く使い物になりませんでした。しかし、これまで試作していた樹脂組成でBMを磁器製のボールとポットに切り替えてみると、なぜか強いものができました。スチールBMで磁気ヘッド浮上寿命二～三秒が、磁器製BMでは五～一〇分になりました。このヘッド浮上寿命増加の原因を調べようと、ヘッド浮上に強い塗布膜を削ってはがし透過電子顕微鏡で観察しました。撮影された写真には、大きいものでは五～一〇μmの磁器の摩耗粉がゴロゴロ入っていました。磁器製BMを使った場合に強くなった理由は「これだ！」と福家元は思いました。

千葉克義は、その頃別の実験でIBM円板を高速で回転させ、内周にドライバをおしつけると「ドライバが削れてディスクはなんともない」ということを見つけました。硬いドライバが削れるのだから、IBM社製円板にはドライバより硬いものが入っていると推定できました。これを開発中のディスクで実現するためには、ディスクに研磨剤を入れればよいと考えました。そこでディスクに硬い無機粒子（フィラー）を添加する検討を始めました。ドライバ押しつけ試験法を、鋼球を摺動子とし一定荷重で回転する円板に押しつける再現性のある試験とし、表面の破壊のされ方と時間との関係をみました。フィラーとしてアルミナなどが強いことがわかりました。このようにしてフィラーを入れることで、記録再生ヘッドを数分ではなく数日は浮上させられるようになりました。この試験法を見つけてから二カ月くらいでバタバタと記録再生が可能な円板ができるようになりました。

製　品　化

このようにして一九七二年から小田原工場で二九メガバイト機用塗布型円板の生産が始まりました。つぎの機種である一〇〇メガバイト機用のディスクパックは一九七一年のＩＢＭ社の発売から一年半遅れで発売できました。これでようやく円板の製造技術で追いつくことができました。

コンタクト・スタート／ストップ用円板の耐久性向上

このように、日立製作所でも塗布円板を製造するまでの技術を開発することができました。しかしこれではお手本どおりのものを独自の方法で製造できるようになったに止まります。これからは，「突起仮説」と後に呼ばれる信頼性向上のための独自指針を確立し，トライボロジー特性を向上させトップの技術を確立するまでの物語をまとめます。

CS／S用円板の開発開始

一九七三年にＩＢＭ社はコンタクト・スタート／ストップ型（以下CS／S型と略）ヘッドを用いた七〇メガバイト機を発表しました。このヘッドは円板の回転・停止時には表面上に静止していて回転開始時に摩擦しながら浮上するもので，ウィンチェスタ型ヘッドと呼ばれました。それまでは円板停止時にはヘッドは円板と非接触であったのと比較し，ヘッドと円板の摩擦時間が長く磁性膜が摩耗してしまうため，CS／S動作寿命の保証が新たに問題となりました。円板には摩耗低減のために潤滑剤が塗布されていました。

この円板の開発が困難であったため，一九七六年に小田原工場から改めてCS／S型の円板の開発のための応援の依頼が中央研究所にありました。それまでは福家元たちのいた化学関係の研究部だけが担当してましたが，このときから中央研究所の装置技術の研究部も協力することとなり，機械屋の私（当時中央研究所研究員）が開発に参加することになりました。

突起仮説

私は金属膜メッキ円板の開発には携わったことがありましたが、塗布円板は未経験であったため小田原工場に出張し、それまでに福家等が記録していた多数のデータを学ぶことから仕事を始めました。調査二カ月でいくつかのことがわかりました。CS／S装置用塗布円板には、その前の機種でトライボロジー特性向上に大きな役割を果たしていたフィラーが添加されておらず、耐久性はBMプロセスで自然発生する磁器の摩耗粉の量に依存していました。摩耗粉が少ないと寿命が短く、多すぎてもノイズが増加し記録再生特性が不十分となり、さらに過剰の摩耗粉が遊離研磨粉として働き寿命が短くなっていました。

国分寺に戻り、このような調査結果からどのように研究を進めるべきかを所属するグループと討論しました。討論の内容は記憶にありませんが、その場所は居室の横の空調のダクトが天井を走る薄暗い実験室の一隅でした。調査結果の報告も一通り終わり、休憩時間に会議室のベンチで疲れて横になったときのことはいまでもよく思い出します。

突然、このようにすればCS／S動作に強い塗布型円板ができるとのイメージが頭に浮かびました。モデル図を書き、言葉で説明すれば容易に理解可能で、その後「突起仮説」として塗布型円板の開発指針となったものです。概要を図42に示します。それまでに明らかになっていた、「塗布型円板のヘッド・クラッシュは樹脂膜が磁気ヘッドにつくことで発生し、フィラー添加でそれを効果的に低減できること」等を矛盾なく説明できるモデルが、ふっと気のゆるんだときに浮かんだものと思われます。

アルキメデスが風呂に入ったときにお湯があふれるのを見て「ユレーカ」と叫んだ気持ちに近いと思われる、「ヤッター」という喜びを感じました。その後に読んだ創造的思考の流れといわれるポアンカレ・ヘルムホルツの発見モデル「没頭期（知識蓄積）、潜伏期、啓示期、証明期」の流れによく合っていました。そこには思考の流れについてはいろいろと書いてありましたが、啓示としてアイデアが生まれたときに感じる喜びについての説明はありませんでした。研究をしていて最大の喜びを感じるのは、このような新しいアイデアが頭の中で生まれたときです。その後の研究も、この喜びをまた味わいたくて進めていたように感じます。最近では技術を志す若者に、この喜びをもっと強く教えたいと考えています。

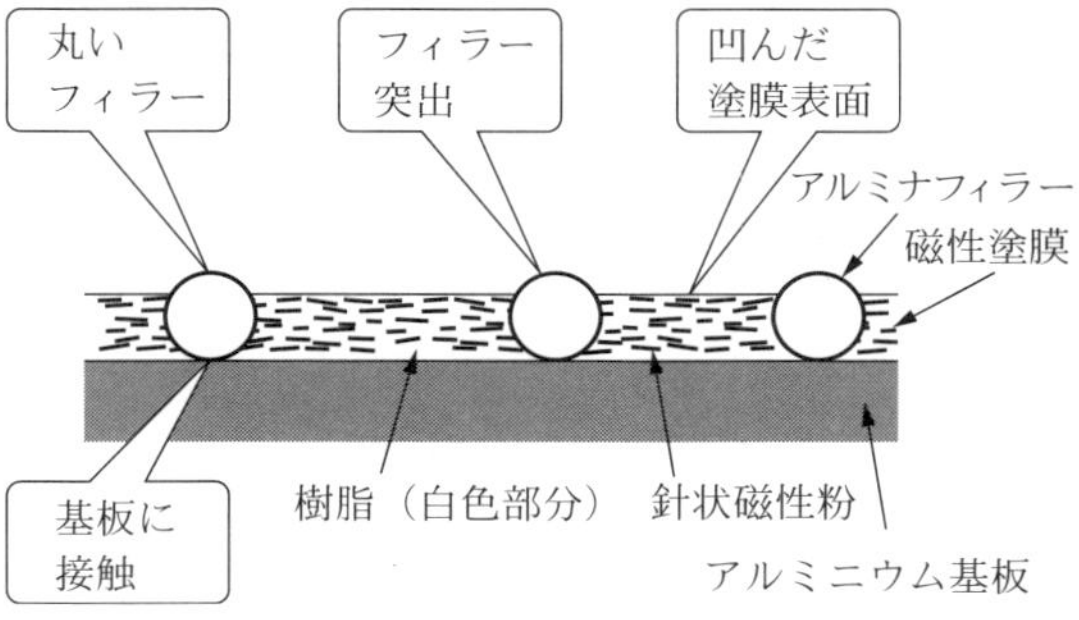

図 42　高耐久性塗布型円板指針（突起仮説）

トライボロジー特性の向上

この指針を得て、円板開発グループをあげてトライボロジー特性向上に取り組みました。加藤義喜（当時小田原工場生産技術部主任技師）は、当時開発されていた球形に近い単結晶アルミナ微粒子を見つけこれを使うことになりました。従来のフィラーは破砕タイプのアルミナ研磨剤で角が鋭角であり、磁気ヘッドの摩耗の恐れがありました。「突起仮説」により、フィラーの役割が研磨剤ではなく磁気ヘッドの樹脂膜への接触防止でよいことが明確となり、単結晶アルミナの導入が進みました。その大きさについても、ヘッド加圧時に突起がつぶれないことが必要であることから、磁性膜厚より少し大きい粒径と決めました。同時にBM時の摩耗粉を減らすため、耐摩耗性のよいアルミナ製ボールを採用しました。

すぐ後に参加した物理屋の石原平吾（当時中央研究所研究員）も磁性膜の硬化温度を、それまでの二〇〇℃から二二〇℃まで上げ樹脂成分を減らして磁性膜樹脂がヘッドに付着しにくくしました。さらに石原平吾は、当時使われていた非極性潤滑剤を極性潤滑剤とすると摺動寿命が増加することを発見し実用化しています。このようにして、CS／S型磁気ヘッドに対応する円板が開発され、三〇〇メガバイト機として一九七八年に出荷されました。この円板は特にトライボロジー特性にも十分注意が払われており、問題はありませんでした。

耐久性評価法の見直し

当時耐久性評価には、CS／S動作を繰り返すCS／S試験が用いられていました。この試験で結果が出るまでには週単位の時間がかかるので、その加速評価法についても開発を進めました。メッキ円板の開発時には、サファイア単結晶を用いるしゅう動試験が開発されていました。この試験では摩擦面を球面に研磨し一定条件で加圧して傷発生までの時間を測定していました。千葉克義の開発した鋼球摩擦試験と比較し、摩擦点温度は測定できませんでしたが荷重が約一〇分の一であり、膜厚が薄くなっていた磁性膜の試験法として適当と考え塗布型円板の耐久性試験法として導入しました。

その後、清水丈正（当時小田原工場ディスク装置設計部技師）が加圧バネの背面に穴をあけ、摩擦点を顕微鏡で直接観察できるように改良しました。これにテレビカメラを取り付け、ビデオテープに記録することで現在まで私が愛用している、透明摺動子ピン・オン・ディスク試験法が生まれました。この試験法で塗布型円板を摩擦すると、最初摩耗粉が少量ずつ発生し、これがしゅう動子に「ベッタリ」とつくヘッド・クラッシュの状況がよく理解できました。この試験法は比較したCS／S試験結果とも対応していたため、実際の塗布型円板の開発時の評価法、製造プロセス中の特性変化測定法として使われました。

記録再生特性の向上によるトライボロジー信頼性向上

「突起仮説」は当時知られていた結果をよく説明しており、三〇〇メガバイト機で耐久性の高い円板が開発されたわけですから、それ以後はいかにこれを継続するかの話になるはずでした。ところが必ずしもそうなりませんでした。次の六〇〇メガバイト機、そのつぎの一二〇〇メガバイト機種でも、トライボロジー特性向上のためにフィラーが必須であることはわかっていたにもかかわらず、記録再生特性が向上しなかったためフィラー添加量を減らしてしまい、耐久性低下という問題を繰り返しました。

このような中で学んだことは、磁気ディスクのように記録再生特性、磁気ヘッド位置決め、円板トライボロジー特性を総合して成り立つシステムでは、トライボロジー耐久性を向上させるためには記録再生特性の向上が前提であることでした。そのため、福家元をはじめとする磁性塗料製造プロセス担当研究者たちは磁性粉の混合法をBM混練法から二枚の逆回転するブレードで力を加え混練するニーダ法に変え、さらに混練温度を上げて磁性粉に吸着する樹脂量を増すことに成功し、磁性粉分散性を大きく向上させました。これらによるノイズ低減、再生出力向上は、耐久性向上へ大きく貢献しました。

装置全体のクリーン化

ここまでは、塗布円板の改良に絞って話を進めましたが、使用時の磁気ディスクの信頼性は製造工程も含めた全体の結果です。円板の改良とともに、社外で問題を起こした装置の分析もすすめられました。私は磁気ヘッドの透明付着物の分析を試みました。有機物と思われましたがエックス線による元素分析を行ったところ、シリコン、錫等の原子が微量発見されました。装置内にはこれらの元素を含む物質を意図的には加えておらず、製造工程中での塵埃の混入が原因ではないかと推察されました。そこで、工場全体をあげての組み立てプロセスのクリーン化が進められました。その進行とともに社外で問題を起こす装置の数も減少しました。後にこのシリコンは有機シロキサンが原因であることがわかりました。当時、外部からの塵埃進入を防止するためにシリコンシール材をカバーの周囲に塗っていました。その成分にシロキサンがあり、ヘッド・クラッシュの原因物質を装置内部に塗っているという、知らないこととはいえ恐ろしいことでした。

このように一九八六年頃には、それまでと比較し優れた装置ができあがりました。当時の五ＧＢ装置を生産していた三社の平均無故障時間（ＭＴＢＦ）値の比較データが当時のコンピュータ雑誌に出たことがあります。日立製作所の製品のＭＴＢＦは、内外他社の製品の約二倍でした。ようやく世界一の装置信頼性を実現したと皆で喜びました。これ以後も、日立製作所では信頼性を重視して磁気ディスクを開発しています。

おわりに

もう二昔以上前の話ですが、経験もなく測定方法もわからない新しい製品である塗布円板を、独創的工夫と熱意で開発し、さらに世界一の信頼性を得るまでの苦闘の物語をまとめました。よくデッドコピーといわれ簡単に考えられていますが、実際にはこのような苦労の連続があったのです。

この物語をまとめてみて、数値データあるいは観察記録を総合し、接触状態のミクロなモデルとしてまとめて「突起仮説」を得たことの大事さを改めて感じました。この指針が得られたことでその後の開発を自信を持って進めることができました。トライボロジー特性の向上には、このような「ミクロな接触状態をイメージとして示すモデル」が重要であることを理解していただければ大変に幸せです。

最後にこの物語をまとめるに当たって、当時の記憶および資料を快くご提供いただいた福家元氏をはじめとする皆さまに深く感謝します。紙面の都合で全員のご活躍にふれることができなかった点をお詫び致します。内容に間違いがあるとすれば筆者の記憶の衰えのためであり、ご容赦いただけるようお願い致します。

摩擦への挑戦
——新幹線からハードディスクまで——

2005年6月20日　初版第1刷発行

検印省略

編　　者　社団法人 日本トライボロジー学会
発 行 者　株式会社　コロナ社
　　　　　代 表 者　牛 来 辰 巳
印 刷 所　萩 原 印 刷 株 式 会 社

112-0011　東京都文京区千石 4-46-10
発行所　株式会社　コ ロ ナ 社
CORONA PUBLISHING CO., LTD.
Tokyo　Japan
振替　00140-8-14844・電話（03）3941-3131(代)
ホームページ　http://www.coronasha.co.jp

ISBN 4-339-07702-X　（高橋）　（製本：愛千製本所）
Printed in Japan

新コロナシリーズ
発刊のことば

西欧の歴史の中では、科学の伝統と技術のそれとははっきり分かれていました。それが現在では科学技術とよんで少しの不自然さもなく受け入れられています。つまり科学と技術が互いにうまく連携しあって今日の社会・経済的繁栄を築いているといえましょう。テレビや新聞でも科学や新しい技術の紹介をとり上げる機会が増え、人々の関心も大いに高まっています。

反面、私たちの豊かな生活を目的とした技術の進歩が、そのあまりの速さと激しさゆえに、時としていささかの社会的ひずみを生んでいることも事実です。

これらの問題を解決し、真に豊かな生活を送るための素地は、複合技術の時代に対応した国民全般の幅広い自然科学的知識のレベル向上にあります。

以上の点をふまえ、本シリーズは、自然科学に興味をもたれる高校生なども含めた一般の人々を対象に自然科学および科学技術の分野で関心の高い問題をとりあげ、それをわかりやすく解説する目的で企画致しました。また、本シリーズは、これによって興味を起こさせると同時に、専門分野へのアプローチにもなるものです。

●投稿のお願い

「発刊のことば」の趣旨をご理解いただいた上で、皆様からの投稿を歓迎します。

パソコンが家庭にまで入り込む時代を考えれば、研究者や技術者、学生はむろんのこと、産業界の人も家庭の主婦も科学・技術に無関心ではいられません。

このシリーズ発刊の意義もそこにあり、したがって、テーマは広く自然科学に関するものとし、高校生レベルで十分理解できる内容とします。また、映像化時代に合わせて、イラストや写真を豊富に挿入し、できるだけ広い視野からテーマを掘り起こし、科学はむずかしい、という観念を読者から取り除き興味を引き出せればと思います。

●体　裁

判型・頁数：B六判　一五〇頁程度

字詰：縦書き　一頁　四四字×十六行

なお、詳細について、また投稿を希望される場合は前もって左記にご連絡下さるようお願い致します。

●お問い合せ

コロナ社　企画部

電話（〇三）三九四一－三一三六